稻飞虱综合防控技术指南

全国农业技术推广服务中心　编

中国农业出版社

北　京

图书在版编目（CIP）数据

稻飞虱综合防控技术指南／全国农业技术推广服务

中心编． -- 北京：中国农业出版社，2024．11．

ISBN 978-7-109-32805-1

Ⅰ．S435.112-62

中国国家版本馆 CIP 数据核字第 20249GG907 号

稻飞虱综合防控技术指南

DAOFEISHI ZONGHE FANGKONG JISHU ZHINAN

中国农业出版社出版

地址：北京市朝阳区麦子店街 18 号楼

邮编：100125

责任编辑：阎莎莎　　文字编辑：刘　玥

版式设计：王　晨　　责任校对：吴丽婷

印刷：北京通州皇家印刷厂

版次：2024 年 11 月第 1 版

印次：2024 年 11 月北京第 1 次印刷

发行：新华书店北京发行所

开本：720mm×960mm　1/16

印张：10.25　　插页：6

字数：209 千字

定价：65.00 元

编写人员

主　编　张　帅　卓富彦　傅　强

副主编　高聪芬　郭　荣　秦　萌　陆明红　万品俊

编　者（以姓氏笔画为序）

万品俊　王云鹏　尹晓婷　卢代华　朱　凤

任宗杰　刘兆宇　孙　娟　吴碧球　何佳春

张　帅　张有志　张求东　陆明红　陈立玲

陈星好　范兰兰　卓富彦　周　晨　郑静君

赵　林　秦　萌　徐　翔　高聪芬　郭　荣

傅　强　魏　琪

序
PREFACE

  民以食为天，食以稻为先。水稻是我国的大宗粮食作物，种植面积约占粮食总种植面积的 30%，产量占粮食总产量的 40%，全国有 65% 以上的人口以稻米为主食，因此确保水稻安全生产是我国粮食生产安全的重要保障。农作物病虫害是影响农作物稳产增产的重要因素，对其进行科学有效的防控是保单产、稳总产的关键举措。稻飞虱属于国家一类农作物害虫，年均发生面积超过 2.5 亿亩次，对水稻安全生产影响巨大，而当前稻飞虱防控措施主要依赖化学防治，由于防控方式不合理，导致稻飞虱再猖獗、抗药性水平快速上升，亟须开展稻飞虱绿色防控技术集成与推广。自 2021 年以来，在"十四五"国家重点研发计划"稻飞虱灾变机制与可持续防控技术研究"项目支持下，在全国多地将智能监测预警、抗稻飞虱水稻品种应用、生态调控、绿色防控产品及关键技术等进行集成，以提升稻飞虱的绿色防控效率，助力"虫口夺粮"保丰收的目标任务实现。

  该书由全国农业技术推广服务中心编，详细概述了稻飞虱发生与危害、化学防控技术以及防控药剂，系统阐述了稻飞虱的抗药性发展动态，重点介绍了稻飞虱绿色防控技术以及不同稻区的绿色防控集成技术模式。相信本书的出版会更好地指导广大基层植保技术人员以及种粮大户等新型经营主体高效防控稻飞虱，扎实推动水稻病虫害绿色防控工作，对实现植保防灾减灾、水稻稳产丰收具有重要的现实意义。

  该书的编写和出版得到了"十四五"国家重点研发计划"稻飞虱灾变

机制与可持续防控技术研究"（2021YFD1401100）的资助。

　　编写过程中，编者力求体现当前稻飞虱防控研究的新成果。该书内容丰富、信息量大。该书的出版将为我国植物保护等领域相关科研人员、学生及农业技术推广人员提供重要的参考资料，对于践行"绿水青山就是金山银山"的生态文明建设理念、助力乡村全面振兴具有重要意义。

2024 年 3 月

目　录
CONTENTS

序

附录

第一章 <<<
稻飞虱研究概况

稻飞虱是我国水稻生产中的主要害虫，具有迁飞性、种群繁殖快等特点，很容易暴发成灾，农业农村部将其列入《一类农作物病虫害名录》。本章详细介绍了稻飞虱发生种类、分布范围、形态特征、为害特点、生活习性及其发生与环境的关系，并系统阐述了近年来稻飞虱发生为害情况。

第一节　稻飞虱种类与发生情况

一、主要种类

稻飞虱是为害水稻的褐飞虱 [*Nilaparvata lugens*（Stål）]、白背飞虱 [*Sogatella furcifera*（Horváth）] 和灰飞虱 [*Laodelphax striatellus*（Fallén）] 的统称，属半翅目（Hemiptera）飞虱科（Delphacidae），其中前两者是典型的长距离迁飞性害虫，并被列入我国首批《一类农作物病虫害名录》。

20 世纪 60 年代，随着水稻品种由高秆改为矮秆，以及化肥和农药的大量投入，稻飞虱从原本的次要害虫逐步上升为主要害虫。程家安等（2008）将稻飞虱在我国的发生情况分为 3 个阶段：第一阶段是 20 世纪 60 年代初期至 70 年代末期，主要特点是褐飞虱和白背飞虱等先后上升成为主要害虫，但通常每年或每季稻仅以一种稻飞虱为害。第二阶段是 20 世纪 70 年代末至 21 世纪初期，主要特点是褐飞虱和白背飞虱每年或每季同时为害。第三阶段是 21 世纪初至今，主要特点是 3 种稻飞虱均暴发成灾，但 3 种稻飞虱的发生时间有所不同。以长江中下游流域为例，一年中，灰飞虱发生最早，主要为害水稻前期；白背飞虱次之，主要为害水稻前期和中期；褐飞虱最晚，主要为害水稻后期。

稻飞虱对水稻的为害分为直接为害和间接为害，其中直接为害指取食韧皮部汁液导致水稻丧失水分和营养物质，严重时可致稻株发黄或枯死，俗称"黄塘""冒顶""穿顶""虱烧"等，导致严重减产，甚至失收。

间接为害则包括两方面：一是通过传播病毒而导致水稻病毒病发生。其中，褐飞虱传播水稻齿叶矮缩病毒（*Rice ragged stunt virus*，RRSV）和水稻草矮病毒（*Rice grassy stunt virus*，RGSV）；白背飞虱传播南方水稻黑条矮缩病毒（*Southern rice black-streaked dwarf virus*，SRBSDV）；灰飞虱传播的水稻条纹叶枯病毒（*Rice stripe virus*，RSV）和水稻黑条矮缩病毒（*Rice black-streaked dwarf virus*，RBSDV）造成的危害甚至超过该虫的直接吸食为害。二是在取食和产卵过程中，造成的机械损伤、分泌的某些化学物质（如多种水解酶）、排泄到稻株表面易滋生霉菌的蜜露等，会导致水稻植株发黑，长势减弱。

（一）褐飞虱

1. 分布范围

褐飞虱是我国及许多亚洲国家当前水稻生产上的主要害虫。国外广泛分布于南亚、东南亚、太平洋岛屿等地区及日本、朝鲜和澳大利亚等国。国内在冬春季仅局限于大陆南缘和台湾、海南岛等地越冬或发生，夏秋季除黑龙江、内蒙古、青海、新疆外，其他各省份均有分布，北界达吉林通化、延边地区，西界为西藏墨脱。在我国淮河以南稻区常年发生，暴发频繁。

2. 形态特征

（1）成虫　有长、短两种翅型（彩图 1-1）。长翅型成虫体长（连翅）雄为 3.6～4.2 mm，雌为 4.2～4.8 mm；短翅型体长雄为 2.4～2.8 mm，雌为 2.8～3.2 mm，前翅端伸达腹部第五、六节，后翅退化。体具浅、深两种色型，黄褐或褐色至黑褐色，具有明显的油状光泽。前翅淡黄褐色，透明，端脉暗褐或黑褐色，翅斑明显，黑褐色。头顶四方形，中长与基宽相等，端缘截形；中侧脊起自侧缘基部 1/4 处，彼此相向延伸，在头顶端缘愈合；Y 形脊主干弱；基隔室凹陷深。额中长为中部最宽处的 2.2～2.4 倍，侧脊近乎直，以中部较宽，中脊在额的基端分叉。触角圆筒形，第一节长为端宽的 2 倍，第二节长为第一节的 1.7 倍。前胸背板侧脊不伸达后缘。后足基跗节外侧具 1～4 个侧刺，胫距具缘齿 30～36 枚。

测报灯下还可常见形态上与褐飞虱极为相似的两个近似种：拟褐飞虱 [*Nilaparvata bakeri*（Muir）] 和伪褐飞虱 [*Nilaparvata muiri*（China）]。这两种飞虱不为害水稻，以李氏禾（游草）和秕谷草为寄主。形态上与褐飞虱的主要区别在于生殖器、后足胫节距上小齿及颜面中脊等（表 1-1，彩图 1-2）。

表 1-1　褐飞虱及其近似种成虫的识别特征

识别特征	褐飞虱	拟褐飞虱	伪褐飞虱
体长（连翅）	通常大于 4 mm	通常大于 4 mm	通常小于 4 mm
体色	黄褐至黑褐色	暗褐至黑褐色	灰黄褐至黑褐色
油状光泽	明显	强烈	无

（续）

识别特征		褐飞虱	拟褐飞虱	伪褐飞虱
额（颜面中脊）		中部不凹陷	中部凹陷	中部不凹陷
后足胫节距上小齿数		30～36 枚	28～30 枚	18～20 枚
前翅端区后缘侧面观		无深色弧形斑	有深色弧形斑	有深色弧形斑
外生殖器	雌虫第一载瓣片内缘基部	拱凸无凹陷，呈圆弧形	凹陷窄，上下各有一突起，上方突起狭长	凹陷宽，上下各有一突起。上方突起大，近三角形；下方突起不明显
	雄虫阳基侧突分叉	不分叉	分叉，内叉明显小于外叉	分叉，分叉均匀

（2）卵　略弯曲，呈香蕉形，长约 1 mm，宽约 0.2 mm；初产时乳白色，后渐变为淡黄色，并出现红色眼点。产于叶鞘和叶片组织内，数粒或数十粒单行排列，称为卵条。卵帽排列紧密，略露出卵痕，露出部分近似椭圆形，粗看似小方块。

（3）若虫　共 5 龄；体近鸡蛋形，头圆尾稍尖，落水后后足向两侧平伸成近"一"字形；有深浅不同的色型，3 龄以上色型差异较大（彩图 1-3）。

1 龄：体长约 1.1 mm，灰白色；无翅芽，中、后胸后缘较平直；腹部第四节和部分第五节与背中线形成一浅色的 T 形斑纹。

2 龄：体长约 1.5 mm，淡褐至黄褐色；翅芽初显，中、后胸后缘两侧向后延伸成角状，前翅芽端刚好伸过后胸前缘。腹部背面仍有浅色 T 形斑，但浅色斑内暂显深色斑纹。

3 龄：体长约 2.0 mm，黄褐色至暗褐色；翅芽明显，中、后胸两侧均向后延伸成"八"字形翅芽，其中前翅芽伸达后胸中部稍前；腹部第三、四节背上各出现 1 对白色蜡粉样的浅色斑，与背中线和节间膜排列成"山"字形。

4 龄：体长约 2.4 mm，体色和斑纹同 3 龄；翅芽更明显，前翅芽端超过后胸中部，但明显不达后翅芽端部。

5 龄：体长约 3.2 mm，体色和斑纹同 4 龄；前翅芽端部接近或超过后翅芽端部。腹部第三、四节背面后缘具蜡白色横条斑，是区别于短翅型成虫的显著特征。

3. 为害特点

褐飞虱为单食性害虫，只能在水稻和普通野生稻上取食并繁殖后代，以成虫和若虫群集在稻株下部取食为害。用刺吸式口器吸食水稻韧皮部汁液，消耗稻株营养和水分，并在稻株上留下褐色伤痕、斑点；严重时可引起稻株枯死倒伏，俗称"冒顶""穿顶""虱烧"，导致严重减产，甚至失收。雌虫产卵时用产卵器刺破茎秆组织，产生大量伤口，造成水分散失进而导致病菌侵入，加重纹枯病等的为害。吸食过程中还排泄蜜露污染稻株，滋生烟霉，严重时稻丛 1/3 以下部位变黑成"黑秆"，基部附近土壤常变黑，是褐飞虱严重为害的一个重要标志（彩图 1-4）。白背飞虱亦能形成"黑秆"，不同之处在于其"黑秆"部位较高，可达 2/3 位置，且下部叶片多变黑。

褐飞虱可传播水稻齿叶矮缩病（ragged stunt）和水稻草状丛矮病（grass stunt）。其中，水稻齿叶矮缩病广布于东南亚各国，我国于 20 世纪 70 年代后期在福建、台湾、广东、江西、湖南和浙江等省零星发生，且部分田块重发，之后少有发生。2005 年以来，该病在福建沙县、海南三亚市及云南施甸县等地部分田块发生较重。水稻草状丛矮病亦于 20 世纪 70 年代在南亚、东南亚大面积发生，同期我国福建、台湾、广东、广西和海南等地有发生。

4. 生活习性

（1）越冬　褐飞虱属喜温性昆虫，我国仅广东、广西、福建和云南南部以及台湾、海南等地区有少量成虫、若虫或卵在再生稻、落谷苗等上越冬。低温和食料缺乏是限制其越冬的两个关键因子，因此也能以冬季稻田有无稻苗存活作为褐飞虱能否越冬的生物指标。越冬北界大体在 1 月 12℃ 等温线，或冬季极端低温为 2~3℃ 的地方，大致在北回归线（北纬 23°26′）附近。因冬季气温波动较大，每年的实际越冬北界随冬季气温高低而在北纬 21°—25° 之间摆动。依据越冬情况划分为 3 个发生区域：

①终年繁殖区　北纬 19° 以南的海南省南部（五指山分界岭以南），以及东经 100°—102°、北纬 22° 以南的云南景洪等地。该地区最冷月平均气温在 19℃ 以上，水稻可周年种植生长，褐飞虱能终年在水稻上繁殖。

②少量越冬区　北回归线两侧，即北纬 19°—25°，又以北纬 21°（雷州半岛中部）分为两个亚区，以南为常年稳定越冬区，以北为间歇性越冬区。

③不能越冬区　北纬 25° 以北的广大稻区，最冷月平均气温在 10℃ 以下，通常不能越冬。仅在个别特殊小生境，如温泉附近冬春季有再生稻或落谷稻存活的地方，偶尔可发现越冬的褐飞虱。

（2）迁飞　褐飞虱是一种典型的远距离迁飞性害虫，在我国每年随东亚季风南北往返迁飞。我国东半部常年的迁飞规律：春夏季节由南往北迁飞，3 月中旬前后即开始从中南半岛零星迁入我国广西、广东南部；随后第一次大规模的北迁出现在 4 月中旬至 5 月上旬，主要由北纬 19° 往南至境外中南半岛中部以南的终年繁殖地迁出，随西南气流主降在北纬 20°—23° 的珠江流域及闽南等地；第二次北迁出现在 5 月中旬至 6 月初，由越南北部及海南中北部等地迁入广西、广东南部与南岭地区，成为南岭地区早期有效虫源；第三次北迁出现于 6 月中旬至 7 月初，由广西、广东南部主迁到南岭以北，波及长江流域；第四次北迁出现于 7 月中下旬，由南岭南北稻区主迁到长江中下游稻区，并波及淮河流域；第五次北迁出现于 7 月底至 8 月初，由沿江偏南部及南岭以北山区迁入沿江区北部至淮北区。秋季由北往南回迁，其中第一次回迁出现于 8 月下旬至 9 月上旬，由江淮之间及淮北早熟中稻田迁入沿江稻区；第二次回迁发生于 9 月下旬至 10 月上旬，由江淮之间及沿江区迟熟中稻及单季晚稻区回迁至南岭以北稻区；第三次回迁则于 10 月中旬至 11 月，由沿江、南岭北部再回迁到南岭以南的华南及更南的越南北部等地。

成虫迁出时，先爬到稻株上部叶片或穗上，在气象条件适宜时主动向空中飞去。夏、秋季一般于日出前或日落后起飞，为晨暮双峰型；晚秋一般都集中在暖和的下午起飞，为日间单峰型。

（3）发生世代　褐飞虱在我国一年可以发生 1～12 代，总的趋势是世代数随着纬度的降低和气温的上升而递增。由于成虫产卵期比较长，田间实际发生世代重叠严重。依据年发生世代数的不同，可将我国褐飞虱分成 8 个发生区：

①琼南 12 代区　海南岛五指山分界岭以南（北纬 19°或 1 月 19℃ 等温线以南）的三亚、陵水、乐东等地。本区冬季最低气温在 12℃ 以上，可周年种植水稻。褐飞虱全年连续繁殖，无越冬现象，早稻 4—5 月成熟，褐飞虱长翅型成虫盛发迁出。全年种群季节性发生呈双峰型。

②琼雷 10～11 代区　海南岛中部、北部和雷州半岛中南部（北纬 19°—21°）。冬季常年稳定有少量卵或若虫在再生稻、落粒稻上安全越冬。早稻田发生的褐飞虱于 5 月下旬至 6 月上旬长翅型羽化迁出。全年种群季节性发生呈双峰型。

③两广南部 8～9 代区　广东、广西南部，福建南部沿海，云南南部和台湾中、南部（北纬 21°—23°26'）。暖冬年份冬季田间有再生苗及落谷稻存活时有少量褐飞虱越冬，各虫态均可越冬，但因春耕翻耕栽秧存活量甚少，难以成为春季发生的主要虫源。本区褐飞虱初次虫源仍以 4—5 月迁入虫源为主；6 月下旬、7 月初早稻黄熟前，长翅型成虫同期盛发迁出。全年种群季节性发生呈双峰型。

④南岭 6～7 代区　广东和广西北部，福建中南部，台湾北部，湖南、江西南部，云南大部，四川东南部和贵州东南部，即南岭山脉南北（北纬 23°26'—26°）。一般年份无再生苗存活，暖冬年或温泉涌水山冲田等特殊生境中偶见极少量越冬虫源，但每年春季的初次虫源，主要于 4 月下旬至 5 月中旬由外地初始迁入，迁入峰在 5 月中下旬至 6 月中下旬。7 月中下旬随着早稻成熟，长翅型盛发迁出，成为长江流域和江淮间的迁入虫源。本区为双季稻区，每年在早稻和晚稻

上各有一个发生高峰（双峰型），对早、晚稻均能造成严重危害。

⑤岭北5代区 北纬26°—28°的湘江、赣江中下游，福建和贵州中部、北部及浙江南部。早稻上5月上中旬开始见长翅型迁入，早发年4月下旬有零星迁入。5月中下旬至6月出现几次迁入，7月中下旬早稻成熟前长翅型盛发迁出。本区为双季稻区，褐飞虱常发区，全年在早稻和晚稻上各有一个发生高峰，其中晚稻常年发生较重。

⑥沿江4代区 北纬28°—31°（长江下游至北纬32°），包括湖北、湖南、江西、安徽、江苏等省的长江沿岸地区及浙江中北部、四川盆地等地。6月上中旬始见长翅型迁入，6月中下旬至7月初大量迁入。本区单、双季稻并存，褐飞虱在早稻上发生一般较轻，单季中晚稻、连作晚稻秋季常严重发生，全年种群增长呈前小后大的马鞍型或阶梯上升型。

⑦江淮3代区 北纬31°—34°（长江下游北纬32°—34°），包括湖北北部，河南南部，江苏、安徽中部等地。本区长翅型成虫一般7月初零星迁入，迁入峰期在7月中下旬至8月初，部分年份在穗期成灾，8月下旬至9月下旬随水稻成熟向南回迁。水稻为单季稻，褐飞虱全年种群季节性发生呈单峰型或阶梯上升型。

⑧淮北1~2代区 北纬34°以北，包括淮河、秦岭以北至东北南部广大地区。一般7月中旬至8月上旬迁入，8月下旬至9月中旬偶尔成灾，同期长翅型盛发南迁。水稻为单季中稻区，褐飞虱全年种群季节性发生呈单峰型。

（4）趋性 长翅型成虫有趋光性，以20：00—23：00扑灯最多，对双色灯及金属卤化物灯的趋光性较强。成虫的迁入、转移及扩散，都趋向分蘖盛期、生长嫩绿的稻田；移栽不久或快近黄熟的田块，迁入虫量较少。

成虫和若虫多聚集在稻丛下部20 cm范围内取食，夏季高温天气尤喜趋向基部；当虫量过大或下部叶鞘枯死或气候异常时才爬至叶面或上部叶鞘。

（5）求偶、交配与产卵 褐飞虱雌、雄虫均能振动腹部，带动胸腹接合部两侧的摩擦发声器，产生由稻株传播的鸣声信号，完成交尾前的求偶。雌虫羽化次日即可交配，多数在羽化3 d后交配，一般一生只交配1次，少数雌虫在1周后可再次交配；雄虫羽化次日即可交配，但多数在羽化2 d后交配，可连续交配多次。

成虫产卵前期，一般短翅型为2~3 d，长翅型为3~5 d。产卵多在下午，产卵高峰期通常持续6~10 d。每头雌虫可产卵200~700粒，多者超过1 000粒。卵成条产于叶鞘肥厚部分，在老稻株上也可产在叶片基部中肋和穗颈下方的茎秆上，有91.2%~94.4%的卵产在自下而上的第2~4叶鞘上。产卵痕呈长条形，开始不太明显，后渐变为褐色条斑。

（6）发育历期与有效积温　卵和若虫历期因温度而异（表1-2、表1-3）。适温范围（20～30℃）内，卵期7～11 d，若虫历期12～22 d。温度越高历期越短。雄若虫和雄成虫的历期分别短于雌若虫和雌成虫。长翅雌成虫寿命一般15～25 d，短翅雌虫的寿命略长，雄虫寿命则相对较短。

表1-2　褐飞虱卵在不同温度下的历期

日均温范围（℃）	29.7～31.2	28.1～29.2	27.6～28.0	26.6～27.5	23.1～26.1	21.3～22.1	19.6～20.5	18.8～19.5	16.7～18.1	16.1～17.1	15.6～16.1	12.9～13.3
平均温度（℃）	30.2	28.4	27.8	27.1	24.8	21.7	20.3	19.1	17.4	16.6	15.8	13.1
卵历期（d）	6.2	7.0	7.5	8.0	8.5	9.0	11.0	12.3	15.6	18.6	19.5	38.0

表1-3　褐飞虱各龄若虫在不同温度下的历期（d）

日均温范围（℃）	平均温度（℃）	1龄	2龄	3龄	4龄	5龄	若虫全期
29.7～30.6	30.2	3.0	2.0	2.1	1.9	2.9	11.9
28.2～28.7	28.5	2.8	2.3	2.3	2.4	3.0	12.9
27.6～28.0	27.8	2.9	2.8	2.3	2.5	3.2	13.7
25.7～26.6	26.2	3.3	3.0	2.4	2.7	3.4	14.8
22.5～23.4	22.7	3.8	3.2	2.7	3.0	4.1	16.7
21.0～22.1	21.4	3.8	4.1	3.5	4.0	5.8	21.2
17.3～21.5	18.9	4.7	4.3	5.2	6.0	8.2	28.4

（二）白背飞虱

1. 分布范围

白背飞虱分布比褐飞虱更广，国外分布于日本、蒙古、巴基斯坦、沙特阿拉伯、朝鲜半岛及东南亚、南亚、太平洋岛屿，以及澳大利亚的昆士兰和北部；国内几乎遍及所有的稻区，垂直分布可高达海拔1 700 m的稻田。

2. 形态特征

（1）成虫　有长翅型和短翅型之分：其中长翅型连翅体长雄为3.3～4.0 mm，雌为4.0～4.5 mm；短翅型体长雄为2.0～2.2 mm，雌为2.8～3.1 mm（彩图1-5）。田间各世代短翅型较少，一般不超过20%，短翅雄虫更为罕见。

头顶、前胸背板和中胸背板中域黄白色（雄）或姜黄色（雌），头胸部背面看起来有一浅色纵带；前胸背板复眼后方有一黑色新月形斑；中胸背板侧脊外侧雄虫为黑褐色，且有的在前缘处左右相连，雌虫为淡黑褐色；头顶端部两侧脊间，头部腹面包括额、颊和唇基雄虫为黑色，雌虫为灰褐色；胸部腹面及腹部雄虫为黑褐色，雌虫为灰黄褐色，仅腹部背面有一些黑褐色斑。前翅淡黄褐色、透明，翅脉浅黄褐色，端部略深暗，有的端部后半部具烟褐色晕，翅斑黑褐色。

头顶长方形，中长为基部宽度的 1.3 倍，端缘截形，中侧脊起自侧缘中偏下方，在头顶端缘相遇；额长为最宽处宽的 2.4 倍，以端部 1/3 为最宽，中脊于基端分叉；触角稍伸出额的端部，第一节长大于端宽，第二节约为第一节长的 2 倍；前胸背板侧脊不伸达后缘。后足胫距具缘齿 22～25 枚。

（2）卵　细长，略弯，呈新月形，长约 0.8 mm，宽约 0.2 mm。初产时白色，以后渐变淡黄色，并出现红色眼点。卵成条产于叶鞘中脉附近及叶片中脉组织内，单行排列，卵帽在产卵痕中不外露或稍露出尖端。

（3）若虫　共 5 龄（彩图 1-6），体近橄榄形，头尾较尖，落水后两后足成"八"字形；有深浅两种色型。

1 龄：体长 1.1 mm，灰褐色至灰白色，腹部背中线和节间膜灰白色，形成清晰的"丰"字形浅色斑纹，后胸后缘平直。

2 龄：体长 1.3 mm，淡灰色至灰褐色，胸、腹部背面具灰黑色斑纹。中胸背板后侧角向后稍呈角状延伸，翅芽初显。

3 龄：体长 1.7 mm，腹部第三、四节各有一对浅色三角形大斑。深色型为灰黑色至黑褐色，背中线、节间膜及腹部背板两侧的斑纹黄白色；浅色型为灰黄褐色，胸、腹部背面散生灰黑色弧状斑和线纹（云形斑），腹部第五节背板后缘有一对深灰黑色条纹。中胸背板后侧角向后延伸达后胸背板近中部，翅芽明显。

4 龄：体长 2.2 mm，前翅芽伸达后胸后缘，斑纹清楚。其余同 3 龄。

5 龄：体长 2.9 mm，前翅芽端部超过后翅芽，伸达腹部第四节，其余同 4 龄。

3. 为害特点

白背飞虱在我国西南稻区、长江流域稻区发生较重，是水稻生长前、中期的优势种稻飞虱。20 世纪 90 年代开始，长江流域水稻后期白背飞虱虫量超过褐飞虱而居于优势种地位的现象亦常发生。总体上，与褐飞虱同地发生的稻区，白背飞虱的发生一般早于褐飞虱。

白背飞虱食性较褐飞虱广，除为害水稻外，还能在普通野生稻、小粒野生稻、黑麦草、稗草、看麦娘、李氏禾（游草）、狗尾草等禾本科植物上完成世代发育，但田间一般仅能在水稻、稗草和黑麦草等寄主上见到白背飞虱的不同虫态。

白背飞虱为害方式与褐飞虱相似，但成、若虫在稻株上的分布位置较褐飞虱稍高，取食为害能力弱于褐飞虱。虫口数量大时，受害水稻丧失大量水分和养料，植株矮化，上层叶黄化，下层叶黏附飞虱分泌的蜜露而滋生烟霉，进而发黑形成"黑秆"，严重时可致稻株发黄呈"黄塘"状，感虫品种也可能全株枯死而呈"虱烧"状。白背飞虱为害造成的"黑秆"部位可达植株下部的 2/3，高于褐飞虱（多 1/3 以下），且下部变黑的叶片亦多于褐飞虱（彩图 1-7）。

白背飞虱传播南方水稻黑条矮缩病毒（*Southern rice black-streaked dwarf virus*，SRBSDV），2001 年于广东阳江首次发现该病毒引起的南方水稻黑条矮缩病，2009 年以来，该病在我国南方稻区及越南中北部等地流行，为害严重。

4. 生活习性

（1）越冬与迁飞　白背飞虱安全越冬的地域、温度及生物指标与褐飞虱大致相似，但耐寒力相对较强，越冬范围稍广。在海南岛南部和云南最南部地区可终年繁殖。越冬北界为 1 月平均气温 10℃等温线，极端低温 0℃左右。冬季是否有再生稻和落谷苗存活可作为越冬区的生物指标。越冬北界暖冬年份会适当北移至北纬 26°左右，大致在云南省无量山以南，沿红水河、南岭山脉经江西南部至福建中部。在冬季生存区内，除了当地虫源外，还有大量外地虫源迁入。在北纬26°以北的非越冬区，每年初发虫源则全由外地迁入。

白背飞虱是典型的远距离迁飞性害虫，在我国东部每年随东亚季风北迁南返。每年年初迁入虫源由南向北依次推移，中南半岛是我国白背飞虱的主要初始虫源地。3 月长翅型成虫随西南或偏南气流迁入珠江流域和云南红河，成为早稻上的主要虫源。此后，随着西南气流的加强，4 月迁至广东、广西北部与湖南、江西南部及贵州、福建中部，达北纬 29°左右；5 月中旬可越过北纬 30°；5 月下旬至 6 月中旬我国南方早稻近成熟，开始有成虫迁出，此时长江中下游地区（如浙北、苏南）在 6 月上中旬，江淮之间地区在 6 月中下旬，北迁范围可达北纬35°。6 月下旬至 7 月初南岭地区早稻成熟，同期淮北地区灯下和田间均可见迁入成虫，成虫还可迁至华北和东北南部。常年 8 月下旬后，我国季风转向，北方稻区迁出虫源在东北气流运载下向南回迁，对华南双季晚稻造成危害。

白背飞虱在各地的初次迁入期比褐飞虱早，迁出期不受水稻生育期所控制，各代成虫均可向外迁出，各地都是以成虫迁入后第二代若虫高峰构成主要为害世代，羽化的成虫即为各地的主要迁出世代。

（2）发生世代　白背飞虱在云南及南岭以南一年发生 7～12 代，福建 6～8代，湖北、湖南、四川交界处 5～7 代，湖北、上海、浙江和安徽、江苏南部每年发生 4～5 代，云南和贵州北部、淮河以北地区 2～4 代。

各地从始见虫源迁入到主要为害期，一般历时 50～60 d，主迁入峰后 10～20 d 即为主害代 2 龄若虫高峰期。我国从南到北的主要为害时期依次为：广东、广西南部为 5 月中下旬；广东、广西中部和云南南部为 6 月上中旬；贵州南部经广西北部至福建南部一带为 6 月中下旬；四川盆地东部、贵州东北部经湖南中部至福建北部和浙江南部一带为 7 月上中旬；湖北南部、湖南北部至浙江北部一带为 7 月中下旬；江苏、安徽中部和南部为 7 月下旬至 8 月中旬；淮河以北、陕西、甘肃等地为 8 月中下旬至 9 月上旬。

白背飞虱一般在水稻分蘖期至拔节孕穗期为害，在西南、长江中下游及其以北地区常年只出现一次为害高峰，但在南方双季稻区，除 5—6 月早稻上出现一次为害高峰外，8—9 月晚稻上还常有一次为害高峰。

（3）趋性 白背飞虱长翅型成虫有趋光性，尤其在夏季闷热下雨的夜晚趋光性特别强，测报灯下虫量常出现突增现象。成虫迁飞时飞离稻株的时间受光照度所制约，在 20℃ 以上的温度下，清晨和黄昏 5～100 lx 的光照度迁飞比例最大，呈弱光双峰型。据浙江观察，在 200W 白炽灯下测报诱虫量以 6 月下旬至 8 月上旬最多，占全年诱虫总数的 79%～85%。长翅型雌成虫的趋光性比雄成虫强，一般占诱虫总数的 72.9%。

白背飞虱对水稻植株不同部位表现出明显的趋性，且因水稻生育期而异。长翅型成虫栖息取食部位偏高，主要在茎上部和稻叶上活动。短翅型成虫分蘖期栖息取食部位偏高，多在稻茎中上部和第 1～2 稻叶上；孕穗期栖息部位偏低，多在稻茎中下部。若虫则在分蘖期和穗期的稻茎上及蜡熟期的稻叶上活动。

（4）求偶、交配与产卵 成虫全天均可羽化，雌虫在午夜前后（20：00 至次日 2：00）和早晨（6：00—8：00）有两个明显的羽化高峰，雄虫羽化高峰在中午前后。在同一批卵中总是雄虫羽化比雌虫早。白背飞虱一天中 10：00—15：00 活动最盛，多在稻株茎秆和叶片背面活动，其取食部位比褐飞虱高。长翅型成虫有趋光性，灯下诱获的白背飞虱成虫雄雌性比为 1：（0.8～1.7），多数情况是雌虫多于雄虫。

同褐飞虱一样，白背飞虱雌、雄虫均能振动腹部，带动胸腹接合部两侧的摩擦发声器，产生由稻株传播的鸣声信号，完成交尾前的求偶。成虫羽化后第二天即能交配，交配全天均能进行，高峰在 14：00—17：00 和 0：00—5：00。雌成虫一生只交配 1 次，雄成虫可交配 1～3 次。雌虫交配后 2～6 d 开始产卵，产卵高峰在 12：00—16：00，产卵历期个体间不一致，多数 10～15 d，前 5 d 产卵最多。每头长翅型雌虫能产 200～400 粒卵，短翅型雌虫产卵量比长翅型约多20%。成虫喜选择在生长茂密嫩绿的水稻上产卵，分蘖株上落卵量高于主茎，产卵量随水稻生育期而异。以分蘖期、孕穗期产卵最多，黄熟期和三叶期产卵最少。卵多在 4：00—8：00 孵化。

若虫多生活在稻丛下部，有部分低龄若虫在幼嫩心叶上取食，3 龄前取食量小，4～5 龄食量大，为害烈。水稻乳熟后常迁移到剑叶主脉上和穗部取食。

（5）发育历期与有效积温　卵历期，在福建沙县日平均温度 22.6℃为 10.1 d，24.3～24.4℃为 8.6 d，26.7℃为 6.4 d，28.1～28.6℃为 5.9～6 d。在浙江黄岩日平均温度 14℃为 20.9 d，15.9℃为 13 d，21.8℃为 8.5 d，22.5℃为 7.7 d，26.9℃为 6.5 d，27.1℃为 6.2 d。在江苏苏州日平均温度 23.9℃为 9.5 d，25.5℃为 8.5 d，30.1℃为 6.3 d。

若虫历期，在福建沙县日平均温度 20.5～23.1℃为 19.9～24.6 d，25.6～27.7℃为 14.5～19.6 d。在浙江黄岩日平均温度 23℃时为 14 d，26.8～27.9℃为 13.3 d，28℃为 13 d。在江苏苏州日平均温度 21℃时为 29.8 d，29℃为 18.1 d，29.6℃为 17 d。

（三）灰飞虱

1. 分布范围

灰飞虱在我国各省、直辖市、自治区均有分布，以长江中下游及华北稻区发生较多。国外在欧洲、北非和亚洲的俄罗斯（南部）、韩国、日本、菲律宾、印度尼西亚（北苏门答腊）等国及中东地区均有分布。

2. 形态特征

（1）成虫　雌成虫长翅型连翅体长 3.6～4.0 mm，雄成虫 3.3～3.8 mm；短翅型雌成虫体长 2.1～2.6 mm，雄成虫 2.0～2.3 mm（彩图 1-8）。雄虫体黑褐色，雌虫黄褐色，头部颜面有 2 条黑色纵沟，头顶端半部两侧脊间，额、颊、唇基和胸部侧板黑色；头顶后半部、前胸背板、中胸翅基片、额和唇基脊、触角和足淡黄褐色；雄虫中胸背板、小盾板黑色，仅小盾片末端和后侧缘黄褐色，亦有部分个体中胸背板中域的颜色较浅。雌虫中胸背板中域、小盾板中央淡黄色，侧脊外侧具暗褐色宽条；雄虫腹部黑褐色，雌虫腹部背面暗褐色，腹面黄褐色。前翅淡黄微褐色、透明，脉与翅面同色，翅斑黑褐色。

头部包括复眼窄于前胸背板。头顶近四方形，端缘截形，中侧脊在头顶端缘相连接；额长为最宽处宽的 2.2 倍，以中部为最宽，中脊在基端分叉；触角圆筒形，第一节长为端宽的 1.5 倍，第二节为第一节长的 2 倍；前胸背板侧脊不伸达后缘。胫距后缘具齿 16～20 枚。

（2）卵　长椭圆形，稍弯曲，长约 0.78 mm，宽约 0.21 mm。初产卵为乳白色、半透明，后变为淡黄色，孵化前在较细一端出现 2 个红色眼点。卵成条产于叶鞘和叶片基部中脉两侧内，每一卵块通常有卵 4～6 粒，多者 10～20 粒，卵成簇或双行排列，卵帽与产卵痕持平或微露于产卵痕之外，露出部分呈念珠状。

（3）若虫　长椭圆形（彩图 1-9），有深、浅色型。落水后后足向后斜伸呈"八"字形，张角小于白背飞虱。

1 龄：体长 1.0 mm，灰白色至淡黄色，腹背无斑纹，或有不明显的浅灰色横条纹。

2龄：体长1.2 mm，灰白色至灰黄色，身体两侧颜色开始变深，呈深灰色至灰褐色，翅芽不明显。

3龄：体长1.5 mm，灰黄色至黑褐色，胸部背面有不规则的深色斑纹，腹背两侧缘色深，中间色浅，第三、第四节背面各有一对淡色"八"字形斑，有的第六至八节背面中央具模糊的浅横带。翅芽明显，前翅芽不达后胸后缘。

4龄：体长2.0 mm，前翅芽伸达后胸后缘，后翅芽伸达腹部第二节。其余同3龄。

5龄：体长2.7 mm，长翅型前翅芽伸达腹部第四至五节，短翅型伸达第三至四节，盖住后翅芽。其余同4龄。

3. 为害特点

灰飞虱可以本地越冬，每年的发生早于褐飞虱和白背飞虱，主要为害早、中稻秧苗、本田分蘖期及晚稻穗期。在长江中下游仅在早稻上数量较多，局部地区晚稻穗期为害重。成、若虫都以口器刺吸水稻汁液，一般群集于稻丛中上部叶片，穗期则聚集于穗部取食（彩图1-10）。虫口大时，稻株因汁液大量丧失而枯黄，同时因大量蜜露洒落附近叶片或穗上而滋生霉菌，但较少出现类似褐飞虱和白背飞虱的"虱烧"或"黄塘"症状。

灰飞虱是传播水稻条纹叶枯病（rice stripe）、水稻黑条矮缩病（rice black-streaked dwarf）等多种水稻病毒病的媒介，21世纪初曾为江苏、浙江、上海、安徽、河南、山东等省水稻生产的主要威胁，所造成的危害远高于直接吸食的危害。灰飞虱还是华东、华北和西北等地小麦条纹叶枯病、小麦丛矮病和玉米粗缩病的媒介。

灰飞虱寄主范围较广，除为害水稻外，还为害小麦、大麦、玉米、高粱、甘蔗、谷子、稗、李氏禾（游草）、双穗雀稗、看麦娘、结缕草、蟋蟀草、千金子、白茅等多种禾本科作物或杂草，其中以水稻和小麦为主。灰飞虱具有较固定的季节性寄主，如华东、华中地区主要的越冬寄主有麦类、稗草、黑麦草等，夏季主要的寄主有水稻和玉米。

4. 生活习性

（1）越冬与迁飞　我国华南等地灰飞虱无越冬现象，冬季为害小麦；其他地区以若虫越冬，越冬虫龄不一，2～5龄均有，但以3龄、4龄居多，成虫不能正常越冬。越冬场所较多，包括小麦、紫云英、蚕豆、胡萝卜等作物，以及田埂、荒地、沟渠边及路旁杂草，以植株近地面茎基或根际较多。越冬3、4龄若虫的过冷却点为−7.8～−7.2℃，越冬期间一般不蜕皮，以休眠或滞育方式进行越冬，可微弱活动。当气温高于5℃时，能爬到寄主上取食，早春旬平均气温10℃

左右开始羽化，12℃左右达羽化高峰。我国华东地区，冬季 11 月开始越冬，次年 3 月结束越冬。

灰飞虱的迁飞特性因其能在本地越冬而一直未受关注，但国内外早有高山网、高空网、飞机及海上捕捉到灰飞虱的报道，说明该虫存在远距离迁飞的可能性。日本学者认为，灰飞虱每年从我国大陆越过东海、黄海、渤海迁飞至日本。近年来，我国学者通过田间和灯下种群系统调查、卵巢解剖、迁飞轨迹模拟和天气背景分析等方法，进一步证实浙江、江苏等地的灰飞虱春季第一代成虫既有本地转移的，也有远距离迁飞的，而且可用卵巢解剖特征来区分虫源性质。迁出期的灰飞虱卵巢以 I 级为主，迁入期卵巢则以 II、III 级及以上级别为主。

灰飞虱一年内有明显的季节性寄主转移现象。华东地区，夏季 5—6 月从越冬寄主麦类向夏寄主水稻、玉米上转移，而秋季 9—10 月又从夏寄主水稻上向越冬寄主迁飞转移。全年的种群密度常年以麦田第一代和稻田第五代为最高，此时正是全年传播水稻、玉米、麦类多种病毒病害的关键时期。而夏季 7—8 月的夏寄主上种群密度一般较低。

（2）发生世代　灰飞虱在东北的吉林一年发生 3～4 代，华北地区 4～5 代，长江流域一年发生 5～6 代，福建 6～8 代，广东、广西、云南 7～11 代，在这三个省（自治区）的南部无越冬现象。

由于成虫产卵及生活期长，各代相互重叠。华北稻区越冬若虫于 4 月中旬至 5 月中旬羽化，迁向迟播嫩绿的麦田产卵繁殖。一代若虫 5 月中旬至 6 月上旬大量孵化，5 月下旬至 6 月中旬羽化，迁入秧田和早栽本田为害。二代成虫于 6 月下旬至 7 月下旬羽化，迁入稻田繁殖为害。稻田有 2 个发生高峰：第一高峰出现在 7 月末至 8 月初，为三代若虫期，水稻处于拔节孕穗期；第二高峰出现于 9 月初，为四代若虫期，水稻处于抽穗至乳熟阶段，此时种群密度最大，为害最重。9 月中旬后，由于温度下降到 19℃以下，水稻处于蜡熟期，田间灰飞虱数量急剧下降，灰飞虱迁移至越冬寄主上繁殖、越冬。

四川成都一年发生 5 代，第一代成虫盛发期在 5 月中旬至 6 月中旬，第二代在 6 月下旬至 7 月中旬，第三代在 7 月下旬至 8 月上旬，第四代在 8 月下旬至 9 月上旬，第五代在 9 月中旬盛发。

江苏南部和上海地区一年发生 6 代。越冬若虫一般于 3 月中旬至 4 月上中旬羽化，成虫产卵于麦田及绿肥田的看麦娘及其他禾本科杂草上，4 月下旬孵化，第一代若虫仍留在原越冬寄主上生活，部分侵入附近的早稻秧田为害，5 月下旬至 6 月上旬羽化为一代成虫，时值麦收季节，大量迁移到水稻秧田和本田；第二代若虫 6 月上中旬孵化，6 月下旬至 7 月上旬羽化；第三代若虫 7 月上中旬孵化，7 月下旬至 8 月上旬羽化；第四代若虫 8 月上中旬孵化，8 月下旬至 9 月上旬羽化；第五代若虫9月上中旬孵化，9月下旬至10月上旬羽化；第六代若虫10月上中旬孵化，转移到麦田、绿肥田及杂草上过冬。

福建一年发生7代，第一代出现在3月下旬至5月中旬，第二代5月上旬至6月中旬，第三代7月上中旬，第四代7月下旬至8月上旬，第五代8月下旬至9月上旬，第六代9月下旬至10月上旬，第七代10月下旬至11月中旬。闽西北以第七代若虫和成虫过冬，闽南以第八代若虫和成虫越冬。

（3）趋性　灰飞虱长翅型成虫有趋光性，但比褐飞虱弱。成虫有明显的趋嫩性，凡早播早栽、氮肥多、生长嫩绿茂密的稻田虫口密度高，也喜欢通透性良好的环境，因此，常栖息于植株较高的部位，并常在田边聚集。雌雄性比各代大致接近，或雌虫略多于雄虫。成虫翅型季节性变化明显。长江流域下游地区，长翅型成虫出现的数量，全年以第一代最多，第三、四代次之。短翅型以第五代最多，第二代次之。两种翅型相比，除第五代和越冬代成虫外，长翅型成虫多于短翅型，雄虫则除越冬代外几乎全为长翅型。

（4）产卵　雌虫一般产卵数十粒，越冬代较多，平均每头雌虫可产200多粒，最多可达500余粒。卵产于植株组织中，喜在嫩绿、高大茂密的植株上产卵。卵一般产于寄主植物下部叶鞘内，少数产于叶片基部中肋及无效分蘖和稗草、看麦娘嫩茎内。产卵处植株表面有短线状的产卵痕，初产时呈水渍状绿色，后变为褐色。

（5）发育历期与有效积温　成虫寿命长短随地区、温度范围和世代而异。在浙江越冬代20～50 d，第一代10～30 d，第二代7～26 d，第三代5～11 d，第四代7～24 d，第五代10～50 d。在福建越冬代22～35 d，其余各代在气温为20～29℃下，一般为4～13 d，最长的可达37 d。在上海，第一代在平均气温为22.3℃时，长翅型和短翅型雌成虫的平均寿命分别为25 d和34 d，第二代在平均气温为24.8℃时分别为11.2 d和15.6 d，第三代在平均气温为27.9℃时分别为11.0 d和13.7 d，第四代在平均气温为26.9℃时分别为16.9 d和23.4 d。

产卵前期随环境温度而变，在浙江，气温14℃时为16～23 d，21～24℃时为6～9 d，25～28℃时为4～6 d，29～30℃时为5～7 d。在福建，气温在20～29℃时为4～7 d。21～30℃时，短翅型成虫产卵前期比长翅型成虫短2～4 d。

卵历期，在浙江10～11℃、13～16℃、17～20℃、21～26℃、27～30℃时，分别为30～38 d、17～20 d、13～15 d、7～11 d、5～7 d。在福建17～18℃、20℃、23～24℃、27～28℃时，分别为18 d、13 d、8～9 d、6～7 d。在江苏苏州17℃、19.9℃、23.7℃、25.4℃、25.6℃、30.2℃时，分别为19.4 d、14.6 d、9.5 d、8.2 d、6.5 d、5.3 d。在河南，第一代气温19.6℃时为12.5 d，第二代24.2℃时为9.3 d，第三代28.8℃时为10.0 d，第四代27.6℃时为6.8 d，第五

代 21.9℃时为 11.9 d。

若虫历期，在福建，第一代气温在 20℃时为 24～25 d，其余各代在 24～28℃时，为 16～20 d，越冬代在 14～15℃时，为 69～88 d。在浙江，气温 17～19℃、20～21℃、22～23℃、24～30℃时，分别为 26～27 d、20～25 d、17 d、13～16 d。在苏州，28.5℃、26.2℃、20.6℃、18.8℃、7.2℃时，分别为 16.9 d、16.8 d、21.7 d、26.6 d、143.1 d。在河南，第一代气温 22.4℃时为 24.7 d，第二代 28.6℃时为 19.9 d，第三代 27.8℃时为 20 d，第四代 26.9℃时为 20.8 d。一般雄虫比雌虫短 1～3 d。各龄龄期以 2～3 龄最短，1、4 龄次之，5 龄最长。

灰飞虱有较强耐寒能力，但对高温适应性差，生长发育最适温度为 23～25℃，温度超过 30℃则发育速率慢、死亡率高、成虫寿命短。越冬若虫耐饥力强，平均温度 8.3℃和 9.6℃时，若虫耐饥时间分别为 42.7 d 和 54.8 d。

二、稻飞虱发生与环境的关系

(一) 气候条件（温、湿、风）

1. 褐飞虱

喜温、湿，耐寒能力极弱，无明显休眠或滞育现象。卵和若虫生活的临界低温为−6.2℃，发育起点温度为 10℃，低于 17℃雌虫卵巢发育极慢。生长与繁殖的适温为 20～30℃，最适温度为 26～28℃；适宜的相对湿度在 80%以上。

长江中下游地区"盛夏不热，晚秋不凉，夏秋多雨"，是适宜褐飞虱大发生的气候条件；秋季"寒露风"的迟早和强度直接影响晚稻后期褐飞虱的发生为害程度，来得迟或弱极易引起褐飞虱大发生。在南方双季稻区 5—6 月及 7—8 月降水量多，分布均匀，对早、晚稻褐飞虱的发生有利。

稻田小气候环境是影响褐飞虱生存和繁殖的直接气候条件。通过科学栽培管理，及时搁田，平衡施肥，调控水稻群体，改善田间小气候环境，不仅有利于水稻生长，而且能抑制褐飞虱的种群增长。长江中下游地区随着双季稻改种单季晚稻，7—8 月高温期间田间植株茂密，田间平均温度可降低 1～3℃，且 32℃以上高温持续时间缩短 50%～80%，有利于褐飞虱"逃避"高温天气的影响，是单季晚稻褐飞虱发生较重的一个重要原因。

2. 白背飞虱

对温度的适应范围相对较宽，13～34℃成虫行为表现正常，适温范围 15～30℃，最适温范围 22～28℃；相对湿度要求 80%～90%。

成虫迁入期雨日多，降水量较大，有利于迁飞虫降落、定居和繁殖。在高龄若虫期，天气干旱可加重对水稻的为害。因此，在长江中下游地区，初夏多雨，盛夏长期干旱，是大发生的预兆。

3. 灰飞虱

相对于前两种飞虱，灰飞虱耐寒怕热，生长最适温度 23～25℃。30℃时，若虫生长发育缓慢，死亡率增高；成虫寿命缩短，不能产卵的无效雌虫增多，即使能产卵，产卵量也显著减少。33℃下胚胎发育不正常，卵的孵化率降低。

长江中下游稻区，常年在 7 月中下旬开始进入高温干旱的盛夏，此时第三代成虫死亡多，产卵少，第四代发生量显著减少；如果 7—8 月气温偏低，第四代发生就多，越冬虫口密度也高；1—3 月气候温暖干燥，无特殊持续低温，有利于若虫越冬，是第一代大发生的预兆。在华北稻区，夏季极少出现平均气温超过30℃以上的高温，无高温限制因子，其发生量与 7—9 月的雨量关系密切。雨量少，短翅型雌虫大量增加，有利于大发生。在四川，大发生与 6 月雨量有关，一般 6 月上旬雨量适中，下旬偏少，常易大发生。

（二）耕作制度与水稻品种

耕作制度和水稻品种决定了稻飞虱可利用食料的时间长短、有无及质量，进而影响其发生。褐飞虱和白背飞虱自 20 世纪 60 年代末期以来从次要害虫上升为主要害虫，与 20 世纪 60 年代我国的耕作制度改革有关，尤其随着高秆品种改矮秆品种的推广，化肥用量大幅提高（亩*用纯氮量由 20 世纪 60 年代中期的0.1～1 kg 增加到现在的 10 kg 以上），为稻飞虱的生长发育和繁殖提供了适宜条件，种群数量增加，为害加重。此外，近年来江浙地区双季稻改单季稻，除前文述及的通过影响高温期间田间小气候而影响稻飞虱的发生外，还避免了早稻收割时食料中断的影响；而且单季晚稻水稻生育期延长，每季水稻上稻飞虱的发生代数较连作晚稻多 1～2 代，增加了稻飞虱灾变风险。

稻麦轮作区，稻田灰飞虱的发生与麦田关系密切。麦田（特别是小麦田）面积大的地区，由于食料丰富，繁殖量大，迁入稻田的虫口基数一般较高。江苏等地曾因 5—6 月小麦收割时大量灰飞虱的迁入而导致秧田和大田前期灰飞虱及其传播的条纹叶枯病的大发生。通过适当迟播迟栽可以有效控制灰飞虱和条纹叶枯病的发生。

不同水稻品种对稻飞虱可能具有不同的抗感性。在抗性水稻品种上，稻飞虱的存活率较低，发育速度较慢，繁殖力减少，即抗性品种不利于稻飞虱发生。

（三）天敌与景观生态

田间存在大量的稻飞虱天敌，是抑制稻飞虱发生的最为重要的生物因子。稻飞虱天敌种类较为丰富，包括缨小蜂、螯蜂等寄生性天敌，以及黑肩绿盲蝽、隐翅虫、蜘蛛等捕食性天敌。

---

* 亩为非法定计量单位，1 亩＝1/15 hm²。——编者注

稻田及周边的植被和景观布局往往会对稻飞虱的发生造成影响，景观结构越复杂，植被种类越丰富，越不利于稻飞虱的发生，这可能主要与自然天敌有关。周边生境为稻飞虱提供了重要的天敌库，如稻田周边李氏禾（游草）、秕谷草等禾本科杂草可为稻田提供稻虱缨小蜂等重要天敌，稻田周边的蜜源植物可为寄生蜂提供营养，这些现象被用于设计生态工程控害措施。

值得一提的是，褐飞虱和白背飞虱的食性窄，稻田周边植物基本不能提供虫源（害虫库），但对食性广的灰飞虱而言，稻田周边的小麦、玉米等作物以及狗尾草、狗牙根、芦苇等禾本科作物均是其适宜寄主，这些植物上的灰飞虱是稻田灰飞虱重要虫源。

（四）施氮水平

施氮水平直接影响水稻植株的含氮量，施氮较多时稻株含氮量较高，其对稻飞虱的影响主要有以下几个方面（以褐飞虱为例）：

1. 稻株含氮量对褐飞虱生长发育与繁殖的影响

高氮稻株上的若虫存活率较高、历期显著缩短。成虫寿命延长、雌成虫鲜重和繁殖力增加，卵孵化率提高，有利于稻飞虱种群的增殖，而且这种影响随饲养代数的增加会有一定的累积效应。

2. 稻株含氮量对褐飞虱产卵和取食行为的影响

温室内自由选择试验表明，无论饲养在高氮还是低氮稻株上的雌成虫均喜欢将卵产在含氮量较高的稻株上，不同种群褐飞虱的产卵量均与稻株含氮量呈极显著的正相关。

3. 稻株含氮量对褐飞虱抗逆性的影响

高温情况下，高氮稻株上的褐飞虱成虫和若虫存活率、成虫生殖力和卵孵化率均显著高于低氮稻株上的褐飞虱，而且对高温耐性的差异随在不同含氮稻株上饲养代数的延长而增强。高氮稻株上的褐飞虱雌成虫的耐饥力和若虫对噻嗪酮的耐性均大于饲养在低氮稻株上的褐飞虱。大量施用氮肥可显著降低水稻的抗虫性，提高稻飞虱对抗虫品种的致害能力。

此外，施氮水平还可通过影响水稻群体质量及田间小气候而间接影响稻飞虱的发生。大量施用氮肥可使稻株生长过旺，分蘖增加，叶片嫩绿，田间郁闭度大，形成适合稻飞虱发生的田间小气候。

（五）农药

化学农药是诱发稻飞虱再增猖獗的一个重要原因。主要体现在以下两个方面：

1. 农药诱发稻飞虱产生高水平抗药性导致原有药剂失效

褐飞虱因抗药性而导致药剂失效问题最为突出，白背飞虱因抗药性而导致的药剂失效问题相对较轻。2005年褐飞虱特大发生的一个重要原因就是其对吡虫啉产生了高水平抗药性（79～750 倍）。2006 年以来我国一些地区开始禁用该药防治褐飞虱，但实际生产上仍普遍使用吡虫啉防治白背飞虱和灰飞虱，客观上对混合发生的褐飞虱也起到了进一步选择作用。

2. 农药的副作用或间接作用引起稻飞虱的再生猖獗

（1）刺激稻飞虱繁殖力增加　三唑磷可显著下调褐飞虱体内与生殖有关的保幼激素酯酶基因的表达，使卵黄蛋白基因的表达显著上调。三唑磷和溴氰菊酯处理的褐飞虱雄虫附腺蛋白含量显著增加，与雌虫交配后可刺激雌成虫产卵。

（2）改变水稻植株营养状况　使用三唑磷可改变水稻营养状况，提高水稻品种对褐飞虱的感虫性，进而诱发褐飞虱的大发生。

（3）影响害虫天敌　农药对天敌可产生直接杀伤作用，如阿维菌素、甲氨基阿维菌素苯甲酸盐等对稻虱缨小蜂、蜘蛛等均属于极高风险药剂，即使不致死，也可能影响天敌的繁殖力和行为。研究发现氯虫苯甲酰胺、三唑磷、吡蚜酮的亚致死剂量虽不能致死稻飞虱重要天敌——拟水狼蛛，但能显著抑制其繁殖力。三唑磷和溴氰菊酯亚致死剂量处理的稻虱缨小蜂不能正常识别褐飞虱为害的稻株，吡虫啉处理的稻株对黑肩绿盲蝽趋性选择具有显著的负效应，即更多选择未处理的稻株。此外，喷施农药还会引起田间天敌外迁，进而降低其控制稻飞虱的效率。

第二节　近年来稻飞虱发生为害情况

历史上，稻飞虱并不是我国为害水稻的主要害虫，20 世纪 60 年代前中期，仅灰飞虱在长三角稻区发生为害，其传播的条纹叶枯病和黑条矮缩病在局部发生，未出现全国性大范围暴发情况。60 年代中期，褐飞虱继在东南亚暴发成灾后在我国长三角稻区暴发，导致大面积水稻"冒穿"倒伏减产，从此，褐飞虱成为我国南方稻区的常发性害虫，出现小虫成大灾的情况。20 世纪 70 年代中期开始，我国白背飞虱种群数量在南方稻区逐步上升，至 70 年代末期，已逐步成为为害稻田又一主要的飞虱种类，发生为害的主要区域在长江中下游和西南稻区。至此，灰飞虱、白背飞虱、褐飞虱 3 种稻飞虱均在我国稻田发生为害，这一阶段，稻飞虱暴发频率并不高。

20 世纪 70 年代，稻飞虱的发生面积占当时水稻种植面积的 20%～30%，1974 年和 1975 年出现两次暴发情况。1974 年是新中国成立后第一次稻飞虱在全国稻区大范围严重发生，发生面积首次超过 1 亿亩次，稻谷实际损失首次超过百万吨级；其中褐飞虱在全国发生面积约 4 500 万亩次，在长江中下游稻区为害尤为严重。1975 年，稻飞虱发生区域进一步扩大，全国发生面积近 1.5 亿亩次，但鉴于上年的经验教训，各地积极主动开展防控，发生程度较上年略有减轻，稻谷损失有所减少，但仍超过 100 万 t。70 年代后期，稻飞虱发生面积有所回落，但仍处于 1 亿亩次以上高位，明显重于大发生前。

20 世纪 80 年代，稻飞虱的发生面积占当时水稻种植面积的 40%～50%，发生区域进一步扩展至长江流域以南的南方稻区，白背飞虱超过褐飞虱成为我国水稻发生为害最为严重的稻飞虱，先后出现了 6 年稻飞虱暴发情况，以 1983 年和 1987 年发生最重。1983 年，稻飞虱在全国发生面积首次超过 2 亿亩次，其中白背飞虱发生范围明显扩大，重发趋势明显，尤以长江中下游稻区更甚，因大面积扩种杂交稻，白背飞虱发生量逐年增加，如江苏 1981—1983 年连续 3 年在中稻和杂交稻上大发生，浙江部分地区中晚稻上稻飞虱由以褐飞虱为主转为以白背飞虱为主。1987 年，稻飞虱出现历史罕见大暴发，迁入期比常年早 15～30 d，迁入量是常年的 2～3 倍，迁入峰次多达 3～7 次，加上当年凉夏暖秋、夏秋多雨，适合稻飞虱发生，造成全国发生面积高达 2.7 亿亩次，比 1983 年增加约 30%，造成稻谷损失 102.59 万 t。

20 世纪 90 年代初期，褐飞虱种群数量再度上升，并出现暴发的情况，10 年间除 1992 年和 1994 年外，其他 8 年均为严重发生，全国稻飞虱年发生面积 2.1 亿～3.5 亿亩次，以 1991 年和 1997 年发生最为严重。据统计，1991 年统计发生面积为 3.48 亿亩次，其中褐飞虱发生面积 1.27 亿亩次，均是常规年份的 1.4～1.5 倍，达到历史新高；稻飞虱发生范围也北扩至淮河流域、黄河流域及渤海湾周边等北方稻区，其中褐飞虱在北方稻区暴发成灾，属历史罕见。1997 年，稻飞虱在南方稻区大发生，全国发生面积为 2.88 亿亩次，虽然发生范围不及 1991 年，但造成的稻谷损失为 90 年代之最，达 186 万 t，比大发生的 1991 年还多近 20 万 t；其中褐飞虱迁入量大，江南北部和长江流域出现持续迁入峰，局部出现当代迁入、当代为害成灾现象。

进入 21 世纪后，灰飞虱在长江下游稻区和沿淮稻区、环渤海湾稻区种群量上升。2004—2008 年，全国灰飞虱发生面积均超过 6 000 万亩次，灰飞虱直接为害水稻导致稻谷损失约 7.9 万 t（2006 年），其传播的条纹叶枯病和黑条矮缩病带毒率也逐步积累。1999 年条纹叶枯病仅在江苏偶见，经连年积累后，至 2004—2007 年发病面积和带毒率均达到历史极值，长江中下游出现条纹叶枯病和黑条矮缩病大流行的局面。2004 年、2005 年、2006 年、2007 年全国条纹叶枯病发病面积分别为 2 700 万、1 660 万、2 310 万、2 580 万亩。2004 年江苏检测结果显示，越冬代灰飞虱带毒率最高达到 47.0%（东台），一代最高为 39.7%（东台）。2008 年后，经采取种植抗病品种、改进稻-麦轮作制度、加强带毒率监测和预警、实行小麦一喷三防（兼治了越冬代灰飞虱）、大力防治稻田迁入代

（一代）灰飞虱等关键措施，灰飞虱及其传播的条纹叶枯病和黑条矮缩病发生和流行程度逐步回落，2014年之后，仅在黄淮和长江下游稻区偶见发生。

2005—2013年，褐飞虱和白背飞虱连年暴发，发生程度、范围和为害损失均达到历史之最，大发生范围覆盖了华南稻区双季稻、西南稻区单季稻、长江中下游流域单季稻和双季稻、江南稻区单季稻和单季晚稻、黄淮海稻区单季稻和环渤海湾稻区单季稻等几乎所有稻飞虱分布区，年发生面积3.8亿~5.1亿亩次，以2006年和2007年发生最为严重。通常，早稻和单季稻前中期，田间以白背飞虱为主要种群，褐飞虱种群量较低；中后期褐飞虱种群量逐步上升，其致灾性强于白背飞虱，尤其当单季稻和晚稻穗期田间短翅型成虫密度较高时，往往出现大发生局面。2006年，稻飞虱全国发生面积4.91亿亩次，其中大发生面积达到8 700万亩次，田间稻飞虱种群密度最高达到1万~3万头/百丛，甚至出现超过5万头/百丛的高密度，"冒穿"成灾165万亩，损失稻谷206万t，占当年全国稻谷总产量的1.1%。其中，早稻在华南稻区、西南南部稻区和长江中游南部稻区大发生，严重发生田块虫口密度超过1万头/百丛，个别失治田块出现落地成灾和"冒穿"倒伏现象；中晚稻在长江中下游、江淮和华南稻区大发生，江苏、浙江、安徽等地8月下旬后特大发生，江苏南京、安徽合肥等地出现稻飞虱"虫雨"，迁入虫量之高历史罕见。2007年，稻飞虱全国发生面积达到历史极值5.05亿亩次，其中大发生面积1.2亿亩次，成灾面积150万亩，稻谷损失166.7万t，占当年全国稻谷总产量的0.9%。稻飞虱频繁大发生的情况一直持续至2013年，发生面积才逐步回落至4亿亩次以下，稻谷损失也下降至100万t以下。

伴随稻飞虱在各稻区的频繁大发生，一种由白背飞虱传播的新水稻病毒病——南方水稻黑条矮缩病于2008年开始在长江以南的华南、江南、西南南部、长江流域中游稻区流行。2008年仅在海南、广东、广西、江西等稻区零星见病，发病面积约4万亩。2009年扩散至华南、西南南部、长江流域中游、江南稻区的11个省（自治区），发病面积280万亩，其中湖南发病175万亩，绝收5万亩。2010年达到病害流行高峰期，早稻、中稻、晚稻发病县数分别达到64个、288个和355个，累计发病面积2 060万亩，长江流域以南所有稻区均有发病，江苏、安徽、四川、重庆零星见病；单季稻和晚稻发病重于早稻，病丛率低于5%的发病田块占64.3%，病丛率5%~10%、10%~30%以及30%以上的发病田块分别占20.0%、11.4%、4.3%。2013年以后，受白背飞虱发生程度趋于平稳等因素影响，南方水稻黑条矮缩病流行程度大幅度减轻，以轻病田为主，每年发病面积在200万~500万亩。由褐飞虱传播的锯齿叶矮缩病于2007年开始，也仅在福建、海南、广东、广西、云南、贵州等稻区流行，在田间单独侵染或与南方水稻黑条矮缩病混合发病。

2014—2023 年的 10 年间，稻飞虱在各稻区发生面积和为害程度总体呈现平稳持续下降趋势，但仍处于中等偏重程度，长江流域、西南、华南稻区局部稻田出现"冒穿"倒伏，年发生面积 2.31 亿～3.67 亿亩次，因稻飞虱为害造成的稻谷损失 42.7 万～85.3 万 t。期间，2020 年出现小幅反弹，受水稻生长前、中期稻纵卷叶螟大发生和大量采取化学防治等因素影响，稻田对稻飞虱的系统抗性被削弱，稻飞虱在华南稻区、西南稻区南部、长江中下游、江南稻区严重发生。浙江早稻白背飞虱罕见重发；中稻和晚稻中后期稻飞虱（尤其是褐飞虱种群）数量突增，局部田块出现"冒穿"倒伏情况；灰飞虱在东北南部等稻区发生加重，全国发生面积 2759 万亩次，损失稻谷 1.7 万 t，吉林通化稻区等非常发区域局部出现重发田块。据统计，2020 年全国稻飞虱发生面积 3.0 亿亩次，损失稻谷 63.9 万 t，为 2017 年以来发生最重年份。

纵观我国稻飞虱发生情况，褐飞虱、白背飞虱和灰飞虱在与水稻协同进化过程中已形成各自时空生态位，其中以褐飞虱发生为害最为严重。稻飞虱发生具有明显的区域性，一般大发生年份以长江中下游稻区受害最为严重。21 世纪以来稻飞虱的发生范围、重发频率明显增加，尽管近几年发生较为平稳，但因其具有突发性、暴发性，在生产上仍需高度重视，加强监测，严密防控。

参 考 文 献

程家安，朱金良，祝增荣，等，2008. 稻田飞虱灾变与环境调控. 环境昆虫学报，30（2）：176-182.

程遐年，吴进才，马飞，2003. 褐飞虱研究与防治. 北京：中国农业出版社.

丁锦华，胡春林，傅强，等，2012. 中国稻区常见飞虱原色图鉴. 杭州：浙江科技出版社：27-36.

葛红，季桦，徐莉，等，2010. 灰飞虱寄主转移规律及栽培技术对其种群数量的影响. 金陵科技学院学报，26（2）：69-71.

吕仲贤，2003. 氮肥对褐飞虱的生态适应性及其与水稻和天敌关系的影响. 杭州：浙江大学.

乔慧，刘芳，罗举，等，2009. 不同植物上灰飞虱适合度的研究. 中国水稻科学，23（1）：71-78.

秦厚国，叶正襄，舒畅，等，2003. 白背飞虱种群治理理论与实践. 南昌：江西科学技术出版社：76-111.

徐红星，张珏锋，郑许松，等，2009. 施氮对白背飞虱在水稻上适应性的影响. 中国水稻科学，23（2）：219-222.

徐雪亮，王奋山，刘子荣，等，2018. 氮肥施用量对稻飞虱与稻叶蝉及其捕食性天敌种群的影响. 中国农学通报，34（5）：107-112.

中国农业科学院植物保护研究所，中国植物保护学会，2015. 中国农作物病虫害：上 . 3 版 . 北京：中国农业出版社：93-111.

左兆雪，2013. 稻飞虱发生与农田景观关系的初步分析 . 杭州：浙江大学 .

Heong K L，Cheng J A，Escalada M M，2014. Rice Planthoppers：Ecology，Management，Socio Economics and Policy. Hangzhou：Zhejiang University Press：231.

Heong K L，Hardy B，2009. Planthoppers：new threats to the sustainability of intensive rice production systems in Asia. Los Banos（Philippines）：International Rice Research Institue：460.

第二章 <<<
稻飞虱绿色防控技术

稻飞虱绿色防控技术是稻田有害生物绿色防控技术体系的重要组成部分,本章主要对水稻抗性品种、健身栽培、生物防治、天敌保护与利用等技术措施进行介绍。

第一节 抗稻飞虱水稻品种的利用

抗稻飞虱水稻品种指对稻飞虱表现出一定程度抗性的水稻品种,是控制稻飞虱为害的第一道防线。种植抗稻飞虱水稻品种,是最为经济、有效和安全的稻飞虱绿色防控技术措施。抗性是一个相对的概念,水稻对稻飞虱的抗性主要通过与感虫品种相比较进行鉴定。目前在褐飞虱、白背飞虱抗性鉴定中,一般用水稻品种台中本地 1 号(TN1)作为感虫对照品种。

水稻对稻飞虱的抗性可分为抗生性、排趋性(不选择性)和耐受性。抗生性是指植物抑制害虫生长、发育和繁殖的特性,通常表现为害虫取食量减少,生长发育延缓,体躯变小,体重减轻,生殖力下降,死亡率增高。排趋性(不选择性)是指害虫不趋向植物栖息、产卵或取食的特性。耐受性是指植物受到害虫为害时表现出的忍受或补偿的能力。

一、抗虫资源与基因的发掘

(一)抗虫资源的筛选

抗性资源的筛选与发掘是培育抗性品种的基础。国际水稻研究所(IRRI)等机构从 20 世纪 60 年代开始,对从世界各地收集的 44 000 多份栽培稻、野生稻进行了褐飞虱抗性鉴定。我国从 20 世纪 70 年代末期开始褐飞虱抗性资源的筛选工作,并于"七五"期间(1986—1990 年)组织了全国性协作,对从 25 个省份收集的 47 000 多份地方品种和外引品种进行褐飞虱抗性鉴定,获得了抗级以上(0~3 级)抗性资源近 300 份。此后,国内多家科研单位开展了进一步的抗性资源筛选工作,获得了大量的褐飞虱抗性种质;同时,对白背飞虱抗性资源亦进行了大规模筛选，仅"七五""八五"期间就鉴定了 28 500 多份抗白背飞虱的水稻资源，筛选出中抗以上（0～5 级）抗性资源 3 700 余份。上述工作为水稻褐飞虱和白背飞虱抗性基因的研究和利用奠定了基础。

（二）抗性基因的鉴定、定位与克隆

1. 褐飞虱

1969 年，国际水稻研究所首次从抗褐飞虱水稻品种蒙德哥（Mudgo）中鉴定并定位了抗褐飞虱基因 $Bph1$，揭开了水稻抗褐飞虱基因研究的序幕。迄今，已先后从栽培稻、野生稻等抗性资源中鉴定了近 50 个抗褐飞虱主效基因，并通过 SSR、SNP、STS、InDel、RFLP 和 RAPD 等多种遗传标记技术明确了这些基因的位点，发现他们主要定位在水稻第 3、4、6、8 和 12 号染色体（表 2-1）。

表 2-1　已鉴定的水稻抗褐飞虱基因及其遗传标记位点信息

基因	染色体	遗传标记	供体水稻或野生稻
$Bph1$	12L	em5814N，em2802N	Mudgo
$bph2$	12L	RM7102，RM463	ASD7
$Bph3$	6S	RM589，RM588	Rathu Heenati
$bph4$	6S	RM589，C76A	Bwbawee
$bph5$	4		ARC10550
$Bph6$	4L	Y19，Y9	Swarnalata
$bph7$	12L	RM3448，RM313	T12
$bph8$	6S		Chinsaba
$Bph9$	12L	RM463，M5341	Kaharamana
$Bph10$	12L	RG457，CDO98	*Oryza australiensis*
$bph11$	3L	G1318	*O. officinalis*
$bph12$	4L	G271，R93	*O. officinalis*
$Bph12$（t）	4S		*O. latifolia*
$Bph13$（t）	3S	RM240，RM250	*O. eichingeri*
$Bph13$（t）	3L	AJ09$_{230}$b	*O. officinalis*
$Bph14$	3L	R1925，R2443	*O. officinalis*
$Bph15$	4S	C820，S11182	*O. officinalis*
$Bph17$	4	RM1305，RM6156	RathuHeenati
$Bph18$（t）	4S	RM463，S1555	*O. australiensis*
$bph18$（t）	12L	RM6308，RM3134	*O. rufipogon*
$bph19$（t）	3S	RM6308，RM1022	AS20-1

（续）

基因	染色体	遗传标记	供体水稻或野生稻
bph19（t）	3S	RM17	*O. rufipogon*
Bph20（t）	6S	RM435，RM540	*O. minuta*
Bph21（t）	10S	RM222，M244	*O. minuta*
bph22（t）	4S	RM8212，M261	*O. rufipogon*
bph23（t）	8	RM2655，M3572	*O. rufipogon*
bph24（t）	11	Idel55，del66	DV85
Bph25（t）	6S	RM6775，M8101	ADR52
Bph26（t）	12L	RM309，SSR2	ADR52
Bph27（t）	4L	RM6848，M6888	Balamawee
Bph27	4L	RM273，RM471	*O. rufipogon*
Bph28（t）	11	Idel55，del66	DV85
bph29	6S	BYL7，YL8	TR539
Bph30	4S	RM16290，RM16303	AC-1613
Bph31	3L	RM251，RM2334	Hasanta
Bph32	6S	RM19291，M8072	Ptb33
Bph33	4S	H99，H101	Sri Lanka
Bph34	4L	RM16994，RM17007	*O. nigari*
Bph35	4	PSM16，R4M13	*O. rufipogon*
Bph36	4S	RM16465，RM16502	*O. rufipogon*
Bph37	1	RM302，YM35	IR64
Bph38	1L	693369，10112165	IR62
Bph42	4S	RM16282，RM16335	*O. rufipogon*
Bph43	11	16-22，16-30	IRGC 8678
Bph44	4L	Q31，RM17007	Balamawee
Bph45	4	RM16655，RM3317	*O. nivara*

　　上述抗褐飞虱基因中，被克隆的已有 16 个（表 2 - 2）。总体而言，大多数抗褐飞虱基因编码卷曲螺旋（coiled-coil，CC）、核苷酸结合位点（nucleotide binding site，NBS）和亮氨酸富集重复（leucine-rich repeat，LRR）蛋白、富含亮氨酸结构域（leucine-rich domain，LRD）蛋白和凝集素类受体激酶（lectin receptor-like kinase，LecRLK）。首个被克隆的抗褐飞虱基因是 2009 年报道的

*Bph*14，该基因编码 1 个典型的 CC-NBS-LRR 蛋白。水稻第 12 号染色体长臂上定位的 8 个抗褐飞虱基因（*Bph*1、*bph*2、*bph*7、*Bph*9、*Bph*10、*Bph*18、*Bph*21 和 *Bph*26）是等位基因，其中 *bph*2 和 *Bph*26 编码 CC-NBS-LRR 蛋白，其余 6 个编码 CC-NBS-NBS-LRR 蛋白。从第 4 号染色体上克隆的 *Bph*6、*Bph*30 和 *Bph*40 编码富含亮氨酸结构域（LRD）的蛋白。定位于第 6 号染色体短臂的 *Bph*3 源于斯里兰卡的 1 份籼稻地方品种 Rathu Heenati，对褐飞虱具有广谱抗性，是 *OsLecRLK1*、*OsLecRLK2* 和 *OsLecRLK3* 串联的基因簇，这 3 个 *LecRLK* 基因编码定位于细胞质膜上的 G 型凝集素类受体激酶。*Bph*15 可能是 *LecRLK1* 的等位基因。*bph*29 和 *Bph*32 编码的蛋白具有特殊性，*bph*29 含有 1 个定位于细胞核的 B3 DNA 结合结构域蛋白，*Bph*32 基因编码 1 个定位于细胞膜的特异的短小一致重复结构域的蛋白。这些研究结果揭示了水稻抗褐飞虱的遗传机制，为抗褐飞虱育种提供了丰富的基因资源。然而，抗褐飞虱基因介导的抗虫分子机制还需要进一步的深入研究。

表 2 - 2　已克隆的水稻抗褐飞虱基因信息

基因	编码特征蛋白
*Bph*3	LecRLK1、LecRLK2、LecRLK3
*Bph*6 / *Bph*30 / *Bph*40	Leucine-rich Domain（LRD）
*Bph*9 / *Bph*1 / *bph*7 / *Bph*10 / *Bph*21 / *Bph*18	CC-NBS-NBS-LRR
*Bph*14	CC-NBS-LRR
*Bph*15	LecRLK1
*Bph*26 / *bph*2	CC-NBS-LRR
*bph*29	B3 DNA binding protein
*Bph*32	SCR domain containing protein

2. 白背飞虱

与抗褐飞虱主效基因定位研究进展相比，抗白背飞虱基因的研究进展较为滞后。自从 1976 年开始对白背飞虱的抗性材料进行遗传分析以来，已命名了 9 个抗白背飞虱的基因，包括 *Wbph*1、*Wbph*2、*Wbph*3、*Wbph*4、*Wbph*5、*Wbph*6、*Wbph*7（*t*）、*Wbph*8（*t*）和 *Ovc*。除了 *Wbph*4 为隐性基因外，其他抗白背飞虱基因均为显性基因，部分得到定位（表 2 - 3）。这些抗性基因均来源于不同的水稻农家品种或野生稻材料，尚未有关于基因克隆的研究报道。

表 2 - 3　已鉴定的水稻抗白背飞虱基因及其遗传标记位点信息

基因	供体水稻或野生稻	染色体	连锁标记
Wbph1	N22	7	RG146，RG445
Wbph2	ARC10239	6	RZ667
Wbph3	ADR52	—	未定位
Wbph4	Podiwi A8	—	未定位
Wbph5	N'Diang Marie	—	未定位
Wbph6	鬼衣谷，便谷等	11	RM167
Wbph7（t）	O. officinalis	3	R1925，G1318
Wbph8（t）	O. officinalis	4	R288，S11182
Ovc	Asominori	6	RM1952

二、抗虫品种的培育与利用

1. 抗褐飞虱品种

国际水稻研究所等机构率先在褐飞虱抗性品种培育中取得突破，从 20 世纪 60 年代开始培育了 IR 系列水稻品种，其中含 $Bph1$、$bph2$ 或 $Bph3$ 的抗褐飞虱品种有 28 个（表 2 - 4），并于 1973 年推广种植了 IR26 等含 $Bph1$ 基因的抗褐飞虱品种，此后，1976 年推广了 IR36 等携带 $bph2$ 抗性基因的抗褐飞虱品种，1981 年推广了 IR56 等携带 $Bph3$ 的抗褐飞虱水稻品种，这些抗性品种在东南亚等地推广种植，有效抑制了褐飞虱的发生。印度尼西亚自 1972 年开始先后批准了超过 200 个抗褐飞虱品种，近年仍有 Inpari 13、Inpari 31 和 Inpari 33 等抗性较好的品种在使用。日本通过将抗虫品种 Mudgo 的 $Bph1$ 基因导入 Hoyoku 等品种，于 1984 年育成了第一个抗褐飞虱的粳稻品种 Norin-PL3，随后于 1986 年、1987 年、1988 年分别育成了 Norin-PL4（$bph2$）、Norin-PL10（$Bph3$）、Norin-PL7（$bph4$）等品种。

表 2 - 4　国际水稻研究所育成的含不同抗虫基因的 IR 系列水稻品种

抗虫基因	IR 系列水稻品种	品种数量
Bph1	IR26、IR28、IR29、IR30、IR34、IR44、IR45、IR46、IR64	9
bph2	IR32、IR36、IR38、IR40、IR42、IR48、IR50、IR52、IR54、IR65	10
Bph3	IR56、IR58、IR60、IR62、IR66、IR68、IR70、IR72、IR74	9

我国 20 世纪 70—80 年代育成了含抗虫品种 IR26 抗性基因的水稻品种或杂交组合，如第一个高产优质、抗褐飞虱的杂交稻汕优 6 号，以及年种植面积曾超过 1 亿亩、推广面积最大的杂交稻汕优 63，曾在我国褐飞虱的防控中发挥了重要作用。然而，由于多方面原因，20 世纪 90 年代以来对褐飞虱抗性水稻品种的选育不受重视，生产上可供利用的抗褐飞虱品种较少。据中国水稻研究所的鉴定，2016—2018 年从长江中下游稻区褐飞虱常发区收集的 113 份主栽水稻品种中，中抗（5 级）以上的仅有 3 份（占 2.7%）。就参加品种审定的区试抗褐飞虱新品种而言，可供利用的抗褐飞虱品种也不多，如：2007—2023 年参加南方国家水稻品种区试的 4 084 份品种中，中抗以上的 48 份（占 1.2%）；2014—2021 年大型育种企业（绿色通道）和科企联合体送检的 14 193 份水稻新品种中，中抗以上的 500 份（占 3.5%）。

值得一提的是，近年来随着我国水稻育种的企业化，以大型企业为代表的机构开始投入大量人力、资金进行褐飞虱抗性水稻的培育，有力地推进了优异抗虫基因（尤其是已成功克隆基因）的育种应用，已育成一批含 $Bph3$、$Bph9$、$Bph14$、$Bph15$、$Bph30$ 等基因的抗性材料或苗头品种，部分还聚合了双基因，如隆平高科选育的玮两优 7713（$Bph6＋Bph9$）、武汉大学培育的易两优 311（$Bph14＋Bph15$）、华中农业大学培育的华两优 2171（$Bph14＋Bph15$）均通过了国家、省级审定，生产上缺少抗褐飞虱水稻品种可用的困境将会逐渐得到改善。

2. 抗白背飞虱品种

国际水稻研究所培育的 IR 系列品种中，仅 IR48 和 IR54 对白背飞虱表现中等抗性。我国 20 世纪 70—90 年代先后育成一批抗白背飞虱的水稻品种（组合），如赣早籼 28 号、汕优 63、春江 06、中组 14、汕优桂 33 等品种（组合）。

近年来研究发现，生产上主栽品种对白背飞虱的抗性在籼稻、粳稻间存在明显差异，其中，能抗白背飞虱的籼稻品种很少，而粳稻则较常见。中国水稻研究所对 2016—2018 年长江中下游稻区收集到的主栽品种的白背飞虱抗性鉴定表明，对白背飞虱表现中抗以上抗级的品种数，54 份籼稻中仅有 2 份（占 3.7%），而 49 份主栽粳稻或籼粳杂交稻中有 27 份（占比达 55.1%）。这些粳稻或籼粳杂交稻主要来源于江苏、浙江等粳稻种植区，应该是近年来这些粳稻种植区白背飞虱发生较轻的重要原因。进一步研究发现，上述粳稻对白背飞虱的抗性主要通过抑制白背飞虱的繁殖力实现，表现为典型的抗生性，但具体的抗性机理还有待进一步研究。

三、品种抗性的可持续性

抗虫品种种植一段时间之后，目标害虫易对其发生致害性变异，使得原本抗虫的品种不再抗虫，给品种抗性的可持续利用带来了巨大困难。褐飞虱较易对抗性品种发生致害性变异。1973 年在东南亚推广 IR26（含 $Bph1$），1975 年就发现其对褐飞虱的抗性明显下降，进而于 1976 年推出 IR36（含 $bph2$），后又发现其抗性明显下降，再于 1982 年推出 IR56（含 $Bph3$）。监测褐飞虱田间种群的致害性并对致害性变异机制进行研究，是褐飞虱抗性品种可持续利用的关键。

我国对褐飞虱致害性的监测始于 20 世纪 80 年代，已经历过两次明显的变化：第一次是 1989 年前后，田间褐飞虱对含 $bph1$ 的抗性品种致害性增强，IR26 感虫；第二次是 1999 年前后，田间褐飞虱对含 $bph2$ 的抗性品种致害性增强，ASD7 和 IR42 感虫。2008 年开始，越南等境外种群及我国云南、广西等近虫源区的田间种群对含 $Bph3$ 的抗性品种致害性增强，IR56 的抗性下降（5～7级），但在长江中下游稻区 IR56 的抗性变化不明显（1～3 级），至 2022 年，这一特点仍没有明显的变化。

褐飞虱致害性变异是一种多基因控制的数量性状，是与抗性品种间相互作用和协同进化的结果，目前对变异机制还不清楚。今后揭示变异的机制，是指导褐飞虱抗性基因的利用及抗性品种的合理布局，进而延缓褐飞虱致害性的变异，延长抗性品种使用寿命的重要依据。

第二节　健身栽培

健身栽培主要指通过肥水管理、使用植物生长调节剂等措施，培育壮秧、壮苗，建立合理的田间群体结构，充分利用光、热和地力，使水稻个体和群体协调生长。稻株生长健壮，既有利于水稻的高产、稳产，又可提高水稻自身抵抗稻飞虱为害的能力，并改善稻田生态环境，使之不利于稻飞虱的生长发育和繁殖，而有利于天敌种群数量的增长，减少田间稻飞虱的发生。

一、科学管水

科学管水，适时适度晒田，创造不利于稻飞虱发生的稻田生态环境。研究表明，水稻分蘖末期适度晒田（排水晒田至田土出现龟裂为度）不但有利于抑制水稻无效分蘖，而且也是控制稻飞虱种群数量简单易行且行之有效的农业防治措施。早晚稻上的白背飞虱，在晒田的稻田比不晒田、长期灌深水的稻田中，总虫量分别少 48.9％和 45.4％，其中主害代虫量分别减少 47.5％和 57.6％。晒田还影响白背飞虱的产卵和卵的孵化，晒田的比不晒田的百株卵量减少 13.9％，孵化率降低 14.8％。晒田还影响白背飞虱雌虫卵巢发育进度，不晒田的白背飞虱雌虫四级卵巢占比要比晒田的高 15.2％，使不晒田的白背飞虱种群高峰期前移，为害提早、加重。晒田还可影响水稻植株的生理状况，晒田的稻株含水量下降 2.5%，干物质增加 8.2%，全氮量减少 12.9%，可溶性糖增加 10.1%，含钾量增加 32.8%，不利于稻飞虱的生长、发育和繁殖。晒田的土壤绝对含水量平均下降 16.9%，全氮量降低 4.5%，速效钾增加 37.0%。因此，晒田可以改善稻田生态环境，使之有利于水稻健壮生长，不利于稻飞虱的增殖，对种群数量起到明显的抑制作用。

二、合理施肥

1. 氮肥运筹减肥控害技术

我国稻田氮肥施用量普遍偏高，平均全氮量为 180 kg/hm²，比世界平均水平高 75%，最高全氮量达 300 kg/hm²，而氮肥利用率仅 30%～35%。如前文所述，增施氮肥有利于稻飞虱种群数量的增长，稻飞虱种群密度随施氮量的提高而增加，为害也随之加重。施氮水平影响稻飞虱虫量有以下几方面因素：一是施氮多的稻株含氮量高，游离氨基酸多，特别是与害虫取食有关的氨基酸含量高，有利于稻飞虱的生长、发育和繁殖。二是高氮条件下，稻田中一些重要天敌的种群数量显著减少，捕食功能下降，降低了对稻飞虱的控制作用。三是高氮区稻苗的分蘖比中、低氮区多 2～3 个，亩总茎数多 4.2 万～6.3 万个，提前封行 5～7 d，叶面积系数增加 56.1%～81.0%，鲜生物量增加 25.9%～45.6%。稻株生长嫩绿，田间郁闭度高，湿度大，温度相对较低，为稻飞虱的生长、发育和繁殖提供了良好的生态环境。

因此，减少氮肥的施用量是控制稻飞虱发生为害的重要措施，但氮肥是确保水稻目标产量的基本营养，不能随意减氮。生产上一般依据水稻产量目标确定合适的施氮量，并通过氮肥运筹开发了减氮控害技术。较为典型的是广东省农业科学院水稻研究所主持研究的水稻"三控"施肥技术。

水稻"三控"施肥技术主要针对南方稻区水稻生产的主要问题。氮肥不合理施用，降雨量大、高温多湿，尤其沿海台风频繁，水稻无效分蘖多、氮肥利用率低、病虫多、易倒伏等问题突出，导致产量不高不稳、环境污染严重、种稻效益差。该技术以控肥、控苗、控病虫（简称"三控"）为主要内容。"控肥"即控制总施氮量和基蘖肥施氮量，提高氮肥利用率，减少环境污染；"控苗"即控制无效分蘖和最高苗数，提高成穗率和群体质量，实现高产、稳产；"控病虫"即优化群体结构，控制病虫害的发生，减少农药使用量。水稻"三控"施肥技术协调了高产与氮高效、控病虫、抗倒伏的关系，2008 年以来该技术在广东、广西、江西、浙江、江苏、福建等省份得到大面积推广应用。

2. 硅氮配施减肥控害技术

水稻是典型的喜硅作物，生长发育过程中缺硅，会表现出苗期叶片披垂、灌浆期地上部茎节腐烂易倒伏、籽粒灌浆不足、千粒重降低、产量降低、品质变劣等问题。增施速效硅肥可增加土壤有效硅含量，有效缓解土壤硅素缺乏对水稻的影响，从而改善水稻生长发育进程。硅肥可以用作基肥或追肥，与常规肥料混用，使用方便，但不同硅肥种类因酸碱度不同而对水稻有不同影响，使用时应予以注意。一般来说，碱性强的硅肥对水稻秧苗返青有负面影响，不宜作追肥，而适合作基肥与常规肥料配合施用；弱酸性的水溶性硅肥对水稻秧苗返青的影响较小，适合作追肥配合使用。

硅肥除了能提高水稻抗逆能力、产量和品质外，还可以提升水稻对稻飞虱的抗性，主要表现在以下几个方面：一是硅处理水稻后，褐飞虱的若虫存活率降低、发育历期延长，成虫寿命、产卵量和性比降低。同时，施硅显著降低褐飞虱种群的内禀增长率、周限增长率和净增殖率，缩短平均世代周期，延长种群加倍时间，从而抑制了稻飞虱种群的增长。二是褐飞虱成虫对硅处理水稻的取食选择性显著低于对照水稻，其在施硅水稻上的蜜露分泌量（取食量）也显著低于在对照水稻上的分泌量，而取食行为测定结果显示，褐飞虱在施硅水稻上取食时间也显著降低。三是施硅可在一定程度上放大褐飞虱取食胁迫诱导的水稻防御反应，导致取食施硅水稻的褐飞虱的适合度下降、种群增长受阻，从而增强水稻对褐飞虱的抗性。

三、植物生长调节剂

植物生长调节剂类物质是从植物或微生物中提取或人工合成的，具备与植物内源激素相似功能或拮抗作用的化合物，常用于调控植物生长发育及形态建成。植物生长调节剂类化合物已被证明可通过调控植物免疫系统或调节植物代谢来加强自身防御植食性昆虫侵害的能力。随着对植物生长调节剂作用机理以及植物抗虫机制认识的不断深入，植物生长调节剂类物质（尤其是茉莉酸类、水杨酸类等）在农作物害虫诱导的防御过程中的关键作用研究取得了一系列重要进展。诸多研究已表明，植物生长调节剂类物质具备诱导水稻抗虫性的作用，主要包括茉莉酸（Jasmonic acid，JA）类、水杨酸（Salicylic acid，SA）类、生长素（Auxin）类、赤霉素（Gibberellins，GAs）类、芸苔素内酯（Brassinosteroids，BRs）类和脱落酸（Abscisic acid，ABA）类。

1. 茉莉酸类

研究较多的是茉莉酸甲酯（MeJA）。喷施外源茉莉酸甲酯可显著减少褐飞虱在稻苗上的取食量，延长若虫发育历期，缩短成虫寿命，降低卵的孵化率及若虫存活率。但也有研究发现，喷施茉莉酸甲酯会导致受褐飞虱为害的水稻秧苗死亡率显著上升。田间喷施茉莉酸甲酯还可吸引褐飞虱卵寄生蜂——稻虱缨小蜂，从而提高其对褐飞虱卵的寄生率。

2. 赤霉素类及其拮抗物

植物生长发育极度依赖赤霉素与多种植物内源激素的拮抗作用，如种子休眠可以被赤霉素打破，而脱落酸则反之；赤霉素与茉莉酸的拮抗作用参与调控水稻"生长-防御"平衡，即内源赤霉素水平上升会抑制茉莉酸信号的传导，促进植物生长，反之则增强植物的防御水平，抑制植物生长。在调节水稻害虫抗性方面，取食 50 μmol/L 赤霉素处理的水稻植株的褐飞虱若虫发育历期显著延长，且其存活率、产卵量均显著降低，赤霉素处理后，这种诱发的水稻褐飞虱抗性可维持 4～6 d。

赤霉素拮抗物（如多效唑、烯效唑）常用于水稻控苗（如苗期控苗壮秧、拔节期控苗防倒伏），也可影响水稻对稻飞虱的抗性。例如，烯效唑溶液浸种可以使水稻对褐飞虱和白背飞虱产生显著的拒食和拒产卵作用；多效唑喷施还可引起水稻植株中黄酮类、酚类等抗虫物质的含量升高，同时，稻株中过氧化氢的含量、多酚氧化酶的活性亦升高，继而提高褐飞虱对杀虫剂的敏感性，有提高杀虫剂防效的作用。

3. 芸苔素内酯类

芸苔素内酯被列为植物的第六大激素，在调控植物生长发育、抗逆性上有着重要的生理作用。有研究表明芸苔素内酯可通过拮抗水杨酸、赤霉素等激素信号，参与水稻对多种病虫害抗性的形成。例如，在水稻水培实验的营养液中加入 20 mg/L 芸苔素内酯，水培 12 h 后，褐飞虱在处理后水稻上的卵孵化率降低 41.8%；将 0.005～0.05 μmol/L 芸苔素内酯加入水培营养液，处理后的水稻可以有效抑制褐飞虱取食和产卵行为，产卵量降至对照的 35.0%～73.9%；而 0.1～5 μmol/L 芸苔素内酯处理则会增加褐飞虱雌成虫的取食和产卵嗜好性，其产卵量为对照的 1.3～1.8 倍。

4. 脱落酸类

脱落酸通常具有诱导植物增强抗逆性的功能。研究表明，外源喷施脱落酸可显著降低褐飞虱对水稻的取食为害水平。原因在于，取食经脱落酸处理的水稻时，褐飞虱口针穿透水稻表皮和口针移动、分泌唾液的时间显著延长了 20% 以上，从韧皮部吸食汁液的时间显著缩短 30% 以上。

植物生长调节剂种类繁多，作用机理相对复杂，有报道的多数植物生长调节剂类物质具备调控水稻抗虫性的能力，但其具体作用效果受到化合物种类和作用浓度的影响，而且还存在同一类植物生长调节剂类似物作用效果相反以及同一植物生长调节剂浓度不同作用效果相反的现象，因此在使用中应仔细阅读产品说明书和注意事项，确保其安全、有效。

第三节　生物农药

生物农药因残留少、对人畜安全、对环境污染小等优点，是害虫绿色防控的重要技术手段。就稻飞虱防控而言，目前生产上微生物农药和植物源农药已得到了大面积应用。

一、微生物农药

微生物农药是指以天然的或经基因修饰的细菌、真菌、病毒等微生物活体为有效成分的农药。目前市面上以稻飞虱为防治对象的微生物农药不多，主要是真菌类杀虫剂，有效成分主要有金龟子绿僵菌 CQMa421 和球孢白僵菌，登记在有效期内的剂型分别是 80 亿孢子/mL 可分散油悬浮剂、50 亿孢子/g 悬浮剂。这两种杀虫真菌具有很强的侵染性，能够通过菌丝对虫体入侵的机械破坏力和酶类水解作用、抑制昆虫免疫等途径达到杀虫效果。

金龟子绿僵菌（*Metarhizium anisopliae*）感染寄主后，分生孢子很容易附着于寄主昆虫体表节间处，温湿度适宜时即萌发，产生芽管，并形成菌丝。菌丝可分泌能够溶解几丁质的酶，溶解昆虫体壁，侵入寄主的体壁，进而逐步向内侵染，侵入体内脂肪组织和肌肉。菌丝在昆虫体内繁殖，最终导致昆虫死亡。寄主昆虫被金龟子绿僵菌初感时，在体壁上可见到黄褐色的斑点，因受到绿僵菌毒素的作用，开始表现神经系统障碍的现象，幼虫停止取食，对刺激的反应降低，最终死亡。死亡后的尸体僵化，虫体内的菌丝开始向体外延伸，虫尸很快被一层白色菌丝包被，之后 1~2 d 在菌丝上形成分生孢子梗和分生孢子，变为绿色或暗绿色。研究表明，用金龟子绿僵菌 CQMa421 制剂处理的水稻饲喂褐飞虱 3 龄若虫，若虫第二天即开始死亡，且肉眼可见白色菌丝，此后死虫逐步全身包裹黄绿色至绿色的菌丝和分生孢子，室内药效结果显示褐飞虱经金龟子绿僵菌 CQMa421 处理 2 d 后的存活率与空白对照组有显著差异，且在第六天时的校正死亡率为 76.9%。

球孢白僵菌（*Beauveria bassiana*）分生孢子接触害虫后，能够附着在害虫的表皮，并萌发生出芽管，芽管顶端产生几丁质酶等多种酶溶解昆虫体壁，进而侵入昆虫体内生长繁殖，大量消耗昆虫体内的养分，并形成大量菌丝和孢子以致布满虫身，还能产生白僵菌素、卵孢白僵菌素和卵孢子素等毒素，扰乱昆虫的新陈代谢，最终导致其死亡。室内研究表明，该药剂处理的褐飞虱，存活率从第四天开始极显著低于空白对照组；在致死表型方面，褐飞虱 3 龄若虫于第三天开始显症成为僵虫，体表长出明显菌体，之后白色菌体进一步生长至完全包被死虫。该药对鳞翅目和缨翅目害虫具有更为显著的防效，在稻田害虫绿色防控中有较好的应用前景。

然而，微生物杀虫剂在大田应用中仍显现出某些局限性，如速效性较差、防治对象单一、持效期较短、对高龄幼虫不敏感、药效易受外界因素影响等。针对这些问题，还要继续开展高毒力菌株筛选、增效助剂添加、新剂型研发、与不同类型农药混配使用等方面的研究，以进一步发挥其应用潜力。

二、植物源杀虫剂

植物源杀虫剂由于其来源于自然，易降解，不易在环境中富集，对环境污染少，且含有多种有效成分，是天然的混配剂；对害虫的作用方式多样，害虫不易对其产生抗药性；对非靶标生物比较安全，有利于保持生态平衡，适合害虫绿色防控。

尽管目前正式登记用于稻飞虱防治的植物源农药较少，在有效期内的只有 1.5% 苦参碱可溶液剂、5% 香芹酚水剂，但近年来发现越来越多的可作为农药来源的植物，其生物活性也由单纯的毒杀作用逐步扩展到产卵忌避、拒食、引诱及生长发育抑制等多方面作用，在稻飞虱防控中有应用潜力。例如，苦参叶、银杏叶、银杏外种皮、厚果鸡血藤种子、广西地不容块根等的提取物对褐飞虱有较好的杀虫活性；银杏叶提取物对褐飞虱若虫还有较强的驱避作用；苦楝植物种核油对褐飞虱具有明显的拒食活性。有报道指出，植物源杀虫制剂藜芦碱、苦参碱和烟碱·苦参碱对褐飞虱具有较好的防治效果，对若虫的致死率达 81.72%～92.47%，成虫致死率达 72.34%～80.85%。此外，从植物中鉴定杀虫活性物质的研究也受到关注，从广西地不容块根提取物中分离鉴定出的主要杀虫有效成分 l-罗默碱，对褐飞虱具有较高毒力（LD_{50} 为 0.044 3 μg/头），是化学杀虫剂马拉硫磷毒力的 7.48 倍。

第四节　自然天敌的保护与利用

天敌利用一般包括人工繁育与释放和自然天敌保护两个方面。已有多个科研单位开展稻飞虱天敌的人工繁育与释放工作，并在黑肩绿盲蝽、中华淡翅盲蝽和拟环纹豹蛛等天敌的替代猎物、人工饲料及饲养技术等方面取得了进展。例如，钟玉琪等（2020）报道了一种基于自然寄主的黑肩绿盲蝽规模化饲养技术，可连续饲养并提供龄期整齐的黑肩绿盲蝽成虫，在 10 m^2 饲养室内可日产黑肩绿盲蝽成虫 1 000～1 600 头，为黑肩绿盲蝽的规模化饲养提供了重要参考。但总体上，天敌规模化饲养难度仍然较大，成本较高，未能达到规模化生产程度。因此，生产上稻飞虱天敌的利用仍主要基于自然天敌的保护与利用。

稻田生态系统中，水稻-害虫-天敌是最基本的食物链关系。研究表明我国稻田生境中分布有超过 1 000 种常见的天敌，合理保护天敌，有效发挥天敌对害虫的自然控害功能，降低害虫的发生数量和灾变频率，减少害虫对农药的依赖，是实现水稻害虫绿色防控的关键技术措施。

一、常见天敌

稻飞虱田间天敌种类丰富，主要包括寄生性天敌和捕食性天敌两大类。

（一）寄生性天敌

稻飞虱卵、若虫与成虫均有特定的寄生性天敌，其中卵期的寄生性天敌主要是缨小蜂、赤眼蜂等膜翅目寄生蜂，而成、若虫期的寄生性天敌有螯蜂科寄生蜂、线虫、病原微生物等，其中缨小蜂和螯蜂最为重要。据 2017—2022 年南方 10 个地区田间稻飞虱寄生蜂调查，缨小蜂类的优势度最高，各省份优势度在 0.722 以上，平均达 0.810，其中稻虱缨小蜂为绝对优势种（各省优势度不低于 0.621），螯蜂类优势度为 0.028～0.076（平均达 0.053）（表 2-5）。

表 2-5　南方 10 个地区田间稻飞虱寄生蜂的优势度（中国水稻研究所，2017—2022）

寄生蜂类别	浙江杭州	江苏南通	福建莆田	江西抚州	湖南衡阳	湖北咸宁	贵州黔南	四川宜宾	广西贺州	广东广州	平均
缨小蜂类	0.823	0.780	0.754	0.828	0.722	0.761	0.814	0.821	0.924	0.874	0.810
稻虱缨小蜂	0.631	0.748	0.642	0.726	0.623	0.621	0.759	0.677	0.844	0.660	0.693
蔗虱缨小蜂	0.152	0.006	0.042	0.030	0.059	0.102	0	0.098	0.055	0.168	0.071
螯蜂类	0.070	0.064	0.036	0.072	0.076	0.067	0.041	0.028	0.032	0.044	0.053
黄腿双距螯蜂	0.028	0.020	0.011	0.053	0.038	0.026	0.022	0.013	0.013	0.019	0.024
稻虱红单节螯蜂	0.031	0.016	0.019	0.019	0.018	0.025	0.011	0.015	0.018	0.018	0.019
两色食虱螯蜂	0.011	0.028	0.004	0	0.018	0.014	0.008	0	0	0.006	0.009
其他寄生蜂	0.108	0.156	0.208	0.100	0.203	0.174	0.143	0.152	0.044	0.082	0.137

1. 缨小蜂

缨小蜂是稻飞虱卵期寄生性天敌，其在田间稻飞虱寄生蜂中的优势度远高于其他类群，其中缨翅缨小蜂属（*Anagrus*）最为常见，属中又以稻虱缨小蜂（*Anagrus nilaparvatae*）、蔗虱缨小蜂（*Anagrus optabilis*）最为常见，其田间寄生率因地区不同而有所差异（表 2-6）。

表 2-6　我国稻田优势缨小蜂的寄生情况（傅强等，2021）

调查地点	田间寄生情况
浙江温州	稻飞虱卵常被稻虱缨小蜂、长管稻虱缨小蜂和拟稻虱缨小蜂寄生，田间寄生率29.1%～75.7%；优势度因季节而异，7月中下旬和11月上旬稻虱缨小蜂占绝对优势（占77.8%～84.1%）；8月中下旬长管稻虱缨小蜂和稻虱缨小蜂较多（分别占48.4%、43.2%）；9月中旬至10月上旬稻虱缨小蜂和拟稻虱缨小蜂较多（分别占30.8%～44.9%、37.4%～46.2%）
江苏东台	寄生稻飞虱卵的缨小蜂主要有稻虱缨小蜂、稻虱黄缨小蜂、黑腹缨小蜂3种，其中稻虱缨小蜂占94.4%，其余两种合计占2.8%
江苏太湖	晚稻缨小蜂对褐飞虱卵的寄生率4.4%～22.7%，其中拟稻虱缨小蜂占95%以上，其次是稻虱缨小蜂
江苏江浦	缨小蜂对灰飞虱、白背飞虱和褐飞虱卵的寄生率分别为27.3%、10.9%～20.7%、19.6%～21.5%，以稻虱缨小蜂和拟稻虱缨小蜂为主，其中，6月上旬至8月上旬以稻虱缨小蜂占绝对优势（占比84.6%），主要寄生灰飞虱和白背飞虱卵；8月中旬开始拟稻虱缨小蜂占比上升，最高达86.9%，主要寄生褐飞虱卵
江苏海安	水稻前、中期稻虱缨小蜂占94.7%，水稻后期拟稻虱缨小蜂占97.5%。其中7月上旬至8月上旬，稻虱缨小蜂对白背飞虱卵粒寄生率4.4%～22.8%，对灰飞虱卵粒寄生率不超过24.4%；9月上中旬拟褐飞虱缨小蜂对褐飞虱卵的寄生率4.4%～23.3%
浙江富阳	2017—2020年，富阳田间有3种缨小蜂寄生稻飞虱卵，分别是稻虱缨小蜂、蔗虱缨小蜂和伪稻虱缨小蜂，稻虱缨小蜂田间寄生率2.27%～11.23%，蔗虱缨小蜂田间寄生率0.26%～3.03%，伪稻虱缨小蜂田间寄生率0.03%～0.51%

不同缨小蜂对3种稻飞虱卵有明显的寄生偏好性。当灰飞虱或褐飞虱卵与白背飞虱卵共存或3种稻飞虱卵共存时，稻虱缨小蜂和拟稻虱缨小蜂均偏好寄生灰飞虱或褐飞虱卵，二者对灰飞虱和褐飞虱卵无明显偏好性；而长管稻虱缨小蜂则喜寄生白背飞虱卵（彩图2-1）。

稻田周围的非稻田生境是稻田寄生性天敌的避难所，同时也是天敌库。稻虱缨小蜂多寄生于伪褐飞虱、拟褐飞虱卵中越冬。茭白上长绿飞虱的卵寄生蜂中有大量的蔗虱缨小蜂，同样对茭白田周围的稻飞虱卵也有较高的寄生率。花蜜、玉米花粉、飞虱蜜露和大豆花均能明显延长稻虱缨小蜂的寿命，并且显著地提高对褐飞虱卵的寄生能力。

2. 螯蜂

螯蜂是稻飞虱若虫和成虫期的常见寄生性天敌。田间稻飞虱螯蜂的寄生率一般为0.8%～53.0%，高时可达72.7%，是一类很有利用价值的天敌。

我国稻田记录的螯蜂种类至少有16种，常见优势种有稻虱红单节螯蜂（*Haplogonatopus apicalis*）、两色食虱螯蜂（*Echthrodelphax fairchildii*）、黄腿双距螯蜂（*Gonatopus flavifemur*）、黑腹单节螯蜂（*Haplogonatopus oratorius*）和黑双距螯蜂（*Gonatopus nigricans*）5种，具体的优势种种类因地

区、季节不同而有较大的差异。例如，浙江、福建、湖南、湖北稻田的优势种为稻虱红单节螯蜂，其在7—9月的浙江温州稻区占总蜂数的38.1%～93%，在湖南长沙稻区占总蜂数的71.6%。贵州稻区螯蜂对稻飞虱的寄生率高时可达24.8%，其中稻虱红单节螯蜂和黄腿双距螯蜂是优势种，8月中旬，在晚稻田中分别占总蜂数的66.7%和23.8%。江苏、河南稻区以黑腹单节螯蜂占优势。此外，优势种种类还因寄主害虫、季节等不同而异。例如，江苏、浙江等地田间白背飞虱大量发生时，稻虱红单节螯蜂和两色食虱螯蜂为优势种，而黄腿双距螯蜂和两色食虱螯蜂在褐飞虱发生严重时占优势。

螯蜂的雌虫具有寄生和取食寄主的双重习性，其控害能力强。据观察，两色食虱螯蜂、黄腿双距螯蜂、稻虱红单节螯蜂雌虫一生致死飞虱数分别为154.7头、247.3头和321.8头（以3龄若虫为寄主或猎物）。这些致死的稻飞虱来源于寄生、取食两个方面（彩图2-2），其中寄生致死占比分别为72.1%、71.6%和60.7%，取食致死占比分别为27.9%、28.4%和39.3%，取食致死稻飞虱数大致相当于寄生致死的1/3～2/3。

螯蜂对不同种类寄主和不同虫态寄主有明显的寄主偏好性。对褐飞虱、白背飞虱、灰飞虱3种稻飞虱而言，稻虱红单节螯蜂对3种稻飞虱均喜取食，并可在白背飞虱和灰飞虱上产卵寄生和正常发育（对白背飞虱的偏好性更高），而在褐飞虱卵上只能产卵不能正常发育。两色食虱螯蜂对3种稻飞虱均可取食和寄生，在可选择条件下，除褐飞虱与灰飞虱共存时偏好寄生灰飞虱之外，在褐飞虱与白背飞虱共存或灰飞虱与白背飞虱共存时无明显寄主偏好性。黄腿双距螯蜂对3种稻飞虱也均可取食和寄生，而在褐飞虱或灰飞虱与白背飞虱共存时，寄生偏好褐飞虱或灰飞虱，取食则偏好白背飞虱，在褐飞虱与灰飞虱共存时无明显偏好性。此外，稻虱红单节螯蜂、两色食虱螯蜂对2、3龄若虫的寄生率最高，黄腿双距螯蜂则对3、4龄若虫的寄生率最高。

（二）捕食性天敌

稻田捕食性天敌种类较多，包括昆虫、蜘蛛、螨类等节肢动物以及蛙类、鸟类等脊椎动物，其中最为重要的有半翅目、鞘翅目、蜻蜓目、直翅目等目中的捕食性昆虫，园蛛、皿蛛、狼蛛、肖蛸等多类蜘蛛及蛙类。

1. 半翅目

捕食性蝽类有盲蝽科（Miridae）、宽蝆蝽科（Veliidae）、猎蝽科（Reduviidae）、长蝽科（Lygaeidae）、姬蝽科（Nabidae）、花蝽科（Anthocoridae）、蝆蝽科（Gerridae）和丝蝆蝽科（Hydrometridae）等8科昆虫，是稻田最常见的捕食性害虫之一。

稻田捕食稻飞虱的蝽有5科8种（表2-7），其中，黑肩绿盲蝽、中华淡翅盲蝽、尖钩宽黾蝽为主要的优势捕食蝽类（彩图 2-3）。在浙江富阳和湖南望城地区的天敌群落中，黑肩绿盲蝽在水稻拔节期和齐穗期的最大优势度分别可达 33%～40% 与 71%～78%。在福建沙县捕食性节肢动物群落中，黑肩绿盲蝽为优势度（18.5%～19.9%）最高的种，尖钩宽黾蝽的优势度（3.6%～9.0%）排在捕食性节肢动物的第 8 位，居捕食性蝽的第 2 位。海南南繁稻田捕食性天敌中黑肩绿盲蝽占 1.9%～2.6%，也居于捕食蝽的首位。

表 2-7 稻田常见捕食性蝽类天敌及其猎物

科	种类	猎物与栖境
盲蝽科 Miridae	黑肩绿盲蝽 *Cyrtorrhinus lividipennis*	若虫和成虫多在水稻中下部尤其是基部活动。取食稻飞虱及叶蝉的卵
	中华淡翅盲蝽 *Tytthuschinensis*	若虫和成虫多在水稻中下部尤其是基部活动。取食稻飞虱及叶蝉的卵
宽黾蝽科 Veliidae	尖钩宽黾蝽 *Microvelia horvathi*	以捕食落入水中的低龄稻飞虱、叶蝉若虫为主
丝黾蝽科 Hydrometridae	白条丝黾蝽 *Hydrometa alboIineata*	常在稻丛间、稻田水面及沟边活动，取食稻飞虱、叶蝉初龄若虫
猎蝽科 Reduviidae	舟猎蝽 *Staccia diluta*	在稻田间最为常见，数量很多，行动活泼，常猎食稻飞虱的短翅型成虫及一些鳞翅目幼虫
	红彩真猎蝽 *Harpactor fuscipes*	常于稻田边的杂草丛间及稻株丛间活动，数量颇多，取食稻田中的鳞翅目幼虫，亦发现取食稻飞虱短翅成虫
姬猎蝽科 Nabidae	灰姬猎蝽 *Nabis palliferus*	常于稻田附近杂草间活动，取食蚜虫、叶蝉、稻飞虱、蓟马等的若虫
	华姬猎蝽 *Nabis sinoferus*	习性与灰姬猎蝽相似，常于稻田附近杂草丛间活动，取食蚜虫、叶蝉、稻飞虱、蓟马等的若虫

黑肩绿盲蝽和中华淡翅盲蝽在分布上有所不同，前者分布较广，国内可达山东、河北以南，陕西、云南、贵州以东的中国大部分地区；后者分布于秦岭-淮河以南的中部及东南部地区，包括河南、江苏、浙江、湖北、湖南、福建、广东、广西等地。

黑肩绿盲蝽在稻田分布数量大、自然控制效能高，是稻飞虱的重要捕食性天敌。据报道，在福建，8 月中旬晚稻分蘖期，对褐飞虱卵的捕食率达 47%～60%，8—9 月对晚稻前期白背飞虱卵的捕食率为 40%～50%。在浙江省晚稻田中对稻飞虱卵的捕食率达 39.1%。在印度，对稻飞虱、叶蝉的若虫捕食率为 20%～99.7%。

黑肩绿盲蝽对不同虫态稻飞虱的捕食能力差异明显，中华淡翅盲蝽也是如此，二者都喜捕食稻飞虱的卵和低龄若虫，对若虫的捕食量随龄期增长而下降。据观察，在无选择条件下，24 h内对褐飞虱卵及1～5龄若虫和成虫的捕食量分别为（6.0±5.3）头、（6.9±3.5）头、（3.6±2.6）头、（2.2±1.8）头、（1.2±0.8）头、（0.4±0.9）头和0头，表明其对褐飞虱卵、1龄和2龄若虫的捕食选择性和捕食能力较强，对成虫几乎不捕食。当褐飞虱等猎物不足时，这两种盲蝽可以吸食水稻和其他植物，以及稻飞虱或蚜虫排泄的蜜露。

尖钩宽黾蝽主要捕食稻飞虱和叶蝉，有较强的耐饥力，在一些专食性天敌受追随作用限制难以控制稻飞虱或叶蝉时，它可起到一定的控制作用。其成虫和若虫觅食时喜在水稻、杂草附近的水面上随意滑行，主要靠触角摆动发现猎物。当碰上大龄猎物时，常4～8头共同围攻猎物；对幼龄猎物可食尽其体液，当猎物密度大时，往往只吸食一部分即弃尸而去。在饥饿状态下，可以几十头围攻1头猎物。

在稻田生态系统内部，上述不同盲蝽除捕食水稻害虫外，还与各类捕食性或寄生性天敌之间存在捕食与被捕食的关系。例如，在水稻生育前期，黑肩绿盲蝽及中华淡翅盲蝽的主要猎物是白背飞虱和稻飞虱卵寄生蜂；在水稻生育后期，两种盲蝽的主要猎物是褐飞虱和异盲蝽。此外，尖钩宽黾蝽及稻虱缨小蜂对黑肩绿盲蝽存在捕食和寄生关系。因此，在天敌保护利用过程中，应考虑天敌间的相互关系。

2. 鞘翅目

稻田中鞘翅目天敌众多，其中捕食稻飞虱的鞘翅目天敌主要集中在瓢虫科和隐翅虫科。

（1）瓢虫　我国稻田中捕食稻飞虱的瓢虫至少有12种（表2-8），以稻红瓢虫、异色瓢虫、七星瓢虫、隐斑瓢虫、六斑月瓢虫、八斑和瓢虫等种类较为常见（彩图2-4），其中稻红瓢虫是稻飞虱最为常见的捕食性天敌。我国地域广，不同稻区因作物种类、环境条件等因素的差异，瓢虫种类构成和优势种会明显不同。

稻红瓢虫常分布在温暖的南方地区，在热带稻田中发生比例相对较高。例如，海南三亚南繁稻田中，稻红瓢虫数量占全部捕食性节肢动物的21.0％～24.5％，不仅是优势度最高的瓢虫类天敌，而且居于捕食性天敌之首。在福建沙县，稻红瓢虫是唯一被见到的瓢虫，其数量占稻田全部捕食性节肢动物的0.8％～1.3％，属于优势度排在第13位的捕食性天敌，是稻田值得保护利用的重要捕食性天敌。

表 2-8　我国稻田捕食稻飞虱的常见瓢虫种类及其猎物

种类	已知猎物
稻红瓢虫 *Micraspis discolor*	褐飞虱、白背飞虱、灰飞虱、稻蓟马、稻蚜、黑尾叶蝉、白翅叶蝉、蚁螟、稻螟蛉幼虫、稻纵卷叶螟幼虫和卵、负泥虫幼虫、稻小潜叶蝇
七星瓢虫 *Coccinella septempunctata*	褐飞虱、白背飞虱、灰飞虱、稻蚜
狭臀瓢虫 *Coccinella transversalis*	稻蚜、褐飞虱、白背飞虱、灰飞虱、蚁螟
异色瓢虫 *Harmonia axyridis*	褐飞虱、白背飞虱、灰飞虱、稻叶蝉、稻蚜、蚁螟
八斑和瓢虫 *Harmonia octomaculata*	褐飞虱、白背飞虱、灰飞虱、稻蚜、稻蓟马、黑尾叶蝉、蚁螟
隐斑瓢虫 *Harmonia yadoensis*	褐飞虱、白背飞虱、灰飞虱、稻蚜
十三星瓢虫 *Hippodamia tredecimpunctata*	褐飞虱、白背飞虱、灰飞虱、稻蚜
黄斑盘瓢虫 *Lemnia saucia*	褐飞虱、白背飞虱、灰飞虱、稻蚜
六斑月瓢虫 *Menochilus sexmaculata*	褐飞虱、白背飞虱、灰飞虱、稻蚜、叶蝉、蚁螟、螨类
红星盘瓢虫 *Phrynocaria congener*	褐飞虱、白背飞虱、灰飞虱、稻蚜、蚁螟
龟纹瓢虫 *Propylea japonica*	褐飞虱、白背飞虱、灰飞虱、稻蚜、蚁螟
海南纵条瓢虫 *Brumoides hainanensis*	褐飞虱、白背飞虱、灰飞虱

（2）隐翅虫　隐翅虫种类繁多，隶属鞘翅目隐翅虫科。稻田中已知捕食水稻害虫的隐翅虫有 20 多种，主要捕食稻飞虱、稻叶蝉、稻螟虫、稻负泥虫、稻蓟马等（表 2-9）。青翅蚁形隐翅虫和虎突眼隐翅虫等较为常见（彩图 2-5）。

表 2-9　我国稻田捕食稻飞虱的常见隐翅虫种类及其猎物

种类	已知猎物
青翅蚁形隐翅虫 *Paederus fuscipes*	稻蓟马、褐飞虱、白背飞虱、灰飞虱、叶蝉等的若虫和成虫，二化螟、三化螟、稻纵卷叶螟、稻螟蛉、稻苞虫、负泥虫等的幼虫，中华稻蝗
黑足蚁形隐翅虫 *Paederus tamulus*	稻蓟马、叶蝉、褐飞虱、白背飞虱、灰飞虱、蚜虫等的若虫和成虫，三化螟、稻纵卷叶螟、稻苞虫等的卵及幼虫
青光褐胸蚁形隐翅虫 *Paederus parallebus*	稻田各种小型昆虫
淡红大脚隐翅虫 *Aleochara puberula*	蚜虫、褐飞虱、白背飞虱、灰飞虱等
黑尾隐翅虫 *Asternus bicolon*	褐飞虱、白背飞虱、灰飞虱等
赤尾独角隐翅虫 *Bledius yezoensis*	蚜虫、褐飞虱、白背飞虱、灰飞虱、稻蓟马等
尖腹隐翅虫 *Conosoma germanum*	各种小型昆虫

（续）

种类	已知猎物
赤翅长隐翅虫 *Lathrobium dignum*	稻蓟马和褐飞虱、白背飞虱、灰飞虱若虫等
神户长隐翅虫 *Lathrobium kobense*	蚜虫、褐飞虱、白背飞虱、灰飞虱、稻蓟马等小型昆虫
黑尖头隐翅虫 *Lithocharis nigriceps*	叶蝉、褐飞虱、白背飞虱、灰飞虱、螟虫卵等
四点小头隐翅虫 *Philonthus macies*	食动植物残渣，有时能猎食蚜虫、稻飞虱若虫及部分地下害虫的卵
黄足小头隐翅虫 *Philonthus minutus*	可食动植物残渣，有时能猎食多种蚜虫、稻飞虱若虫及部分地下害虫的卵
五点方首隐翅虫 *Phionthus rectangulus*	蚜虫、褐飞虱、白背飞虱、灰飞虱、叶蝉等多种作物害虫，有时也取食植物残渣
二星突眼隐翅虫 *Stenus alienus*	叶蝉、褐飞虱、白背飞虱、灰飞虱等
虎突眼隐翅虫 *Stenus cicindela*	稻蓟马、蚜虫、叶蝉、褐飞虱、长绿飞虱的若虫以及二化螟、三化螟、稻纵卷叶螟、玉米螟的卵和蚁螟等
类虎甲突眼隐翅虫 *Stenus cicindelloides*	褐飞虱等
黄足突眼隐翅虫 *Stenus dissimilis*	叶蝉、稻飞虱、蚜虫、负泥虫等
黑胫突眼隐翅虫 *Stenus macies*	食性与虎突眼隐翅虫相同
小黑突眼隐翅虫 *Stenus melanarius*	褐飞虱、白背飞虱、灰飞虱、叶蝉等多种水稻害虫
二点突眼隐翅虫 *Stenus tenuipes*	叶蝉、褐飞虱、白背飞虱、灰飞虱、蚜虫等小型昆虫
黑足突眼隐翅虫 *Stenus verecundus*	褐飞虱、白背飞虱、灰飞虱、叶蝉、蚜虫若虫和稻蓟马等其他小型昆虫

冬季稻田、抛秧稻田、旱季和雨季稻田的节肢动物群落中，青翅蚁形隐翅虫均为优势种。例如，广州增城的冬季稻田节肢动物中，青翅蚁形隐翅虫占22.6%，是数量最多的捕食性天敌；重庆万州的抛栽稻田中，青翅蚁形隐翅虫是优势度指数最高（0.051 7～0.227 3）的捕食性昆虫天敌；柬埔寨金边旱季稻田及磅士卑省的雨季稻田中，青翅蚁形隐翅虫为捕食性天敌的优势种。但在江苏扬州市江都区、泰州市姜堰区（原泰县）、苏州市吴中区（原吴县）等多地水稻拔节至乳熟期稻田中，虎突眼隐翅虫（斑足突眼隐翅虫）发生数量较多，最高可达6 400头，平均4 400头左右。

青翅蚁形隐翅虫成虫活动范围广，除稻田外，在小麦、紫云英、甘蔗、玉米、棉花、甘薯、烟草、油菜、大豆、蚕豆等作物上都有其踪迹。成虫在稻株上活动频繁、搜捕猎物，主要分布在稻株中下部，其中在基部、茎部、叶片占比分别为46.6%、43.8%、9.6%。

青翅蚁形隐翅虫的捕食量是由猎物虫体大小、捕食当日气温高低及捕食前一天的捕食量等多种因素综合决定，成虫每天可吃白翅叶蝉若虫 2 头，或稻纵卷叶螟幼虫 1.2～2.2 头，褐飞虱若虫 6～10 头，白背飞虱若虫 3.7～24.0 头。其对猎物低龄虫态的捕食量大于高龄虫态，成虫 12 h 内对褐飞虱 1、3、5 龄若虫和雌、雄成虫的捕食量分别为 13.0 头、8.4 头、4.0 头、0.4 头、0.9 头，对白背飞虱 3、5 龄若虫的捕食量分别为 7.0 头、2.11 头，对二化螟 2 龄幼虫的捕食量为 0.64 头。

3. 蜘蛛类

蜘蛛是稻田捕食性天敌的重要组成部分，其种类繁多，主要包括园蛛、皿蛛、狼蛛、肖蛸及球蛛等（彩图 2-6）。

（1）园蛛 属金蛛科，是典型的结网蜘蛛，因常在庭院等地结车轮状圆网，故又称圆网蛛。稻田中常见种类有黄褐新园蛛（*Neoscone doenitzi*）、角园蛛（*Araneus cornutus*）、横纹金蛛（*Argiope bruennichi*）、茶色新园蛛（*Neoscona theisi*）、四点亮腹蛛（*Singa pygmaea*）、拟嗜水新园蛛（*Neoscona pseudonautica*）、小悦目金蛛（*Argiope minuta*）、四突艾蛛（*Cyclosa sedeculata*）和大腹园蛛（*Araneus ventricosus*）等，其中前 4 种为优势种。

园蛛捕食的方式采用典型的"坐-等"策略：当飞虫落网发生振动时，它即出来捕食；也有些种类的园蛛将傍晚落网的猎物及时运到网中央取食或贮存，而白天落网的猎物则用蛛丝捆缚存放在原地，待傍晚再移动。园蛛交配后，雌蛛就隐蔽在室内产卵；产卵后的雌蛛就在隐蔽室内看护卵袋，在护卵期间也可捕食。

（2）皿蛛 属皿蛛科，广泛分布于我国南北各省份的农田中，南方稻田内的种群数量较多，常潜居于网的边缘，捕食稻飞虱、叶蝉和鳞翅目低龄幼虫等小型害虫，其中不少种类生活周期较短，发生世代多，繁殖能力强，田间种群数量较大，是重要的稻飞虱天敌。我国稻田内的优势种为草间钻头蛛（*Hylyphantes graminicola*）和食虫沟瘤蛛（*Ummeliata insecticeps*）。

其中，草间钻头蛛原名草间小黑蛛，是农田的优势种蜘蛛。早稻期间，发生量常占稻田总蛛量的 70%～80%，对稻飞虱、稻叶蝉有显著的控制效应。该蛛在田间不但数量大，而且具有发生早、分布广、年活动时间长、种群稳定等特点，是一种很有利用价值的天敌蜘蛛。草间钻头蛛在稻田中以捕食稻飞虱、叶蝉、摇蚊为主，尤喜食稻飞虱、叶蝉的初龄若虫。据观察，一只成蛛可捕食稻飞虱若虫 110～465 头，平均 287.1 头，平均日食量为 4.34 头。

（3）狼蛛 属狼蛛科，是游猎型蜘蛛，其行动迅速，性情凶猛。狼蛛食性广泛，可捕食多种害虫，是稻飞虱和叶蝉的主要捕食者，兼食螟虫、黏虫等中小型鳞翅目的幼虫和成虫。

我国稻田中常见的种类有拟环纹豹蛛（*Pardosa pseudoannulata*）、拟水狼蛛

（*Pirata subpiraticus*）、星豹蛛（*Pardosa astrigera*）、沟渠豹蛛（*Pardosa laura*）、真水狼蛛（*Pirata piraticus*）等，其中拟环纹豹蛛、拟水狼蛛和沟渠豹蛛为稻田蜘蛛的优势种。

稻田狼蛛的数量多，繁殖快，猎食广，食量大，行动敏捷，田间滞留时间长，生殖力强，耐饥饿能力强，与稻田害虫的生态分布与季节消长相关性强，对稻飞虱等害虫的抑制作用大。以星豹蛛成蛛为例，每日可捕食稻飞虱4～8头。

（4）肖蛸　属肖蛸科蜘蛛，主要分布在水稻冠层上部，发生量大，结网捕食，每天可捕食猎物的体量可达自身体重的2倍以上。稻田常见种类有华丽肖蛸（*Tetragnatha nitens*）、圆尾肖蛸（*Tetragnatha vermiformis*）、锥腹肖蛸（*Tetragnatha maxillosa*）、爪哇肖蛸（*Tetragnatha javana*）、长螯肖蛸（*Tetragnatha mandibulata*）、伊犁锯螯蛛（*Dyschiriognatha yiliensis*）、四斑锯螯蛛（*Dyschiriognatha quadrimaculata*）等，其中华丽肖蛸、圆尾肖蛸和锥腹肖蛸为优势种。雌蛛护卵习性强，特别是初期，几乎只要有卵袋就有雌蛛守护。往往一个卵袋还未孵化，又在原卵袋旁产下另一个卵袋，一头雌蛛可守2～3个卵袋。

（5）球蛛　属球蛛科，生活在稻丛之间，结不规则网。稻田常见种类有八斑鞘腹蛛（*Coleosoma octomaculatum*）、叉斑齿螯蛛（*Enoplognatha japonica*）、拟青球蛛（*Theridion subpallens*）、宋氏希蛛（*Achaearanea songi*）、滑鞘腹蛛（*Coleosoma blandum*）等，其中八斑鞘腹蛛为优势种。该蜘蛛在长江流域的农田中常见，发生量大，晚稻田内可占总蛛数量的70%～80%；多在稻丛基部结不规则小网，捕捉叶蝉、稻飞虱等小型昆虫，甚少离网活动，其田间种群数量相对较稳定。

4. 蛙类

属两栖纲（Amphibian）无尾目（Anura），多生活于溪流、湖泊、沼泽、水渠等水域周围。在长江流域及以南稻区，稻田属于种植期常保有水的场所，为蛙类提供了主要的繁殖、生长和活动场所。我国常栖息稻田周围的主要蛙种有黑斑侧褶蛙（*Pelophylax nigromaculatus*）、泽蛙（*Rana limnocharis*）、无斑雨蛙（*Hyla arborea immaculata*）、金线侧褶蛙（*Pelophylax plancyi*）、棘胸蛙（*Quasipaa spinosa*）、饰纹姬蛙（*Microhyla ornata*）等。稻田中，蛙类可以大量捕食稻飞虱等害虫（如一只泽蛙一天最多可捕食叶蝉266头，平均50头），是稻田害虫的重要抑制因子。

值得一提的是，大多数蛙类幼体期的蝌蚪长期生活于水体中，因施肥、施药造成的水体污染是其繁殖和生存的主要威胁，部分地区甚至由于高毒农药的使用造成部分蛙类区域性灭绝。据调查，2005—2009年全国13个省份农田蛙类开始衰退，尤其黑斑侧褶蛙数量在农田周边显著减少。亦有调查发现虎纹蛙的自然种群数量非常少，已达到濒危的边缘，在部分地区已经找不到踪迹。因此，科学施肥、合理用药，减少对蛙类水体环境的破坏，是保护利用蛙类天敌、防控稻飞虱等害虫的重要途径。

二、自然天敌的保护与利用方式

（一）通过生境管理保护利用天敌

当前水稻生产是一种集约化生产，稻田景观过于简化，非作物生境及非作物植物类群大大减少，且普遍过度使用化肥、农药，进一步减少了稻田生态系统的生物多样性，害虫天敌的生态系统服务功能减弱，进而引发水稻害虫重发与频发。近几十年来，非作物生境的重要性得到进一步确认，并开展了基于生境管理的促进害虫天敌提供生态系统服务的研究。生境管理措施是指在稻田系统中为天敌引入多种植物资源，如为天敌提供充当庇护所的庇护植物、为天敌提供替代寄主（猎物）的载体植物、为天敌提供营养源的显花植物等。该措施可增强稻田生态系统的稳定性，从而更好地解决害虫管理问题。目前，种植蜜源作物为天敌提供营养源、增加载体植物系统为天敌提供替代寄主等方面的技术是保护和利用自然天敌的核心。

1. 种植显花植物增加天敌控害能力

显花植物可以通过提供营养源来延长天敌的寿命及增加天敌的繁殖力，进而增强天敌的控害功能。大量的研究证实，生态系统中存在显花植物时，天敌的数量和繁殖力都有所增加。在稻田生境管理措施中，芝麻是最受欢迎的显花植物，也是研究得最多、最成熟的显花植物。种植显花植物作为水稻生境管理控害技术的核心内容，已被农业农村部列为农业主推技术在全国推广。

然而，目前大部分关于显花植物促进天敌生长的研究仅是对几种给定的候选植物进行试验验证来确定最佳物种，存在一定的局限性与盲目性。此外，"特定的天敌物种"或"特定的显花植物物种"可能对其他作物系统或其他地区缺乏足够的信息和应用价值。探索筛选促进天敌生长的显花植物的一般规律具有重要的实际意义。通过对显花植物延长寄生性天敌寿命的研究资料进行 Meta 分析，发现柳叶菜科、石竹科、唇形科、玄参科、菊科和豆科等显花植物能够显著延长寄生性天敌的寿命，但藜科显花植物对寄生性天敌的寿命无影响。利用生态特征（如天敌的头宽、生殖力或花的颜色、类型等）筛选能够促进天敌生长的显花植物，或许更容易被理解和接受。有研究表明，在种有显花植物条带的油菜系统中，影响寄生性天敌种群的是显花植物花的特征，而不是寄生性天敌的寄主。显花植物的花色、花瓣的紫外光反射及花蜜的可得性是三个主要的特征，具黄色花、紫外光反射率高且花蜜外露的显花植物是油菜系统中促进寄生性天敌生长的理想显花植物。此外，种有显花植物条带的作物（如油菜、冬小麦）系统中，捕食性天敌瓢虫和草蛉的种群数量在显花植物紫外光反射类型的花中数量较高。Zhu 等（2020）研究了已发表文献资料中的显花植物与天敌的特征相关性，通过 Meta 结合贝叶斯网络（BN）分析建立模型，用于识别能够促进寄生性天敌寿命的显花植物。同时，通过模型分析得出对寄生性天敌寿命有最佳促进作用的特征组合是复伞形花序或总状花序且花冠深度较浅（＜5 mm）的显花植物，以及有较高生殖力（每雌产卵量＞100 粒）的寄生性天敌。因可获取的特征数据量比较有限，这个模型所包含的特征参数还有待补充完善。此外，这套模型是否也可以用于对捕食性天敌有促进作用的显花植物的筛选，还有待进一步研究。

此外，源自 20 世纪中后期，欧美各国相继兴起的在农业系统中增加显花植物条带（或野花植物带）的措施，为害虫天敌、传粉昆虫提供蜜源和栖息地，具有强化害虫天敌支持系统、提高授粉率、改良修复农地土壤、净化水源、抑制杂草等多样的生态系统服务功能。然而，这些研究也只停留在对显花植物带种类调查及显花植物带对节肢动物天敌种群与控害效果的影响，关于哪些是对害虫天敌起到关键作用的显花植物的研究报道较少。目前已有研究表明，稻田周边种植芝麻不仅可以使黑肩绿盲蝽的寿命显著延长、产卵量及捕食量显著提高，还能显著提升蔗虱缨小蜂和稻虱缨小蜂的寿命及寄生量。此外大豆和玉米花粉也能使稻虱缨小蜂的寿命显著延长、寄生量显著提高。

2. 利用天敌载体系统保护自然天敌控害

天敌载体系统保护自然天敌，一方面为天敌提供庇护所，另一方面为天敌提供替代寄主（猎物）。

（1）为天敌提供庇护所　冬季种植绿肥（紫云英）为越冬天敌提供庇护所及食物，稻田中的捕食性和寄生性天敌的种类、密度和多样性均显著高于冬闲田。朱平阳等（2015）研究表明，马唐与牛筋草是寡索赤眼蜂的最适寄主，看麦娘与李氏禾（游草）是缨小蜂的最适寄主，非稻田生境留存这些禾本科杂草有利于保存赤眼蜂和缨小蜂的种群。郑许松等（2002）研究表明，茭白田为蜘蛛提供越冬、避难及繁殖场所，在茭白附近的稻田中，蜘蛛数量增加约 30%。通过为土著天敌提供庇护所及食物，增强天敌在水稻种植早期的控害功能，把害虫种群数量控制在经济阈值水平以内。

（2）为天敌提供替代寄主（猎物）　在水稻害虫数量较少的冬季休耕期及水稻种植期的早期，载体植物可以为有益节肢动物提供猎物或寄主，避免了土著天敌因缺少水稻害虫而灭绝，从而持续建立较高数量的天敌种群。在载体植物系统中，对载体植物具有专食性的植食性节肢动物是理想的天敌替代寄主（猎物），这样替代寄主（猎物）没有为害农作物的风险。同时，载体植物系统中的害虫天敌必须能够及时、足量分散到整个农作物系统中。目前，有两个比较成熟的载体植物系统应用于水稻生产，一个是茭白（*Zizania latifolia*）-长绿飞虱（*Saccharosydne procerus*）-缨小蜂（*Anagrus* spp.）（ZSA）系统，另一个是秕谷草（*Leersia sayanuka*）-伪褐飞虱（*Nilaparvata muiri*）-缨小蜂（*Anagrus* spp.）（LNA）系统或秕谷草-伪褐飞虱-中华淡翅盲蝽（*Tytthus chinensis*）（LNT）系统。Zheng 等（2017）研究表明，褐飞虱无法在秕谷草上完成生活史，同时，伪褐飞虱无法在水稻上完成生活史。因此，稻田系统引入秕谷草不会成为褐飞虱的寄主。田间试验结果表明，稻田系统载入 ZSA 载体植物系统显著降低了田间褐飞虱的种群密度。ZSA 载体植物系统中的长绿飞虱是茭白的主要害虫，但长绿飞虱不为害水稻，长绿飞虱的卵也是稻飞虱主要卵期寄生蜂缨小蜂（*Anagrus* spp.）的寄主。冬后的茭白田有很高的缨小蜂种群，可以为水稻的整个生育期培育大量缨小蜂来控制稻田中的稻飞虱。

（二）合理施药保护天敌

1. 农药对天敌的影响

掌握稻田常用农药对天敌的影响，是合理用药，保护天敌的基础。研究表明，农药对天敌的影响主要有以下 4 个方面：

（1）直接杀伤作用 用喷雾法和浸虫法测定农药对捕食性天敌黑肩绿盲蝽成虫的影响发现，杀虫剂丁硫克百威、溴氰菊酯、残杀威、稻丰散和吡虫啉，杀菌剂异稻瘟净，除草剂丙草胺、丁草胺和乙草胺等对黑肩绿盲蝽成虫有较大的杀伤作用。在新烟碱类杀虫剂中，噻虫嗪和烯啶虫胺对不同赤眼蜂都表现出最高的毒性，其次是啶虫脒，而氯噻啉、噻虫啉和吡虫啉的急性毒性相对较低；在大环内酯类杀虫剂中，依维菌素和阿维菌素对赤眼蜂成蜂的急性毒性高于甲氨基阿维菌素苯甲酸盐的毒性。毒死蜱对稻螟赤眼蜂成蜂的 LC_{50} 为 0.382 mg/L，处于极高风险性，三唑酮 LC_{50} 为 49.539 mg/L，属于高风险性。丙草胺、丁草胺、异稻瘟净、甲基立枯磷对尖沟宽龟蝽和黑肩绿盲蝽成虫均有较大的杀伤作用，而多菌灵、三环唑对黑肩绿盲蝽成虫有一定的杀伤作用。丁草胺还对草间钻头蛛和拟水狼蛛等有较强的杀伤力。对水稻稻瘟病和纹枯病具有很高杀菌活性的新型杀菌剂啶菌噁唑，对赤眼蜂为中等毒性。氟环唑对 3 种赤眼蜂均表现出很高的急性毒性，其毒性比环丙唑醇、己唑醇和戊唑醇的毒性高 2～3 个数量级，且氟环唑对 3 种赤眼蜂的毒性风险也属高风险。

（2）对天敌行为的影响 农药除了对天敌具有直接杀伤作用以外，还能影响残存天敌的搜索、交配、定位和竞争等行为。例如亚致死浓度的溴氰菊酯处理的黑肩绿盲蝽无法辨别被褐飞虱侵害的稻株和健康稻株，从而影响了其搜索和捕食褐飞虱卵的能力；亚致死浓度的吡虫啉处理可干扰稻虱缨小蜂的定向和寄生行为，使其不能辨别被褐飞虱侵害稻株和健康稻株的挥发物，影响了稻虱缨小蜂对害虫猎物的搜索；三唑磷和溴氰菊酯对稻虱缨小蜂也有类似的负效应；吡蚜酮处理可显著缩短拟水狼蛛的求偶时长；阿维菌素、吡蚜酮及氯虫苯甲酰胺处理不仅显著缩短拟水狼蛛的交配时长，还显著降低其攻击次数。

（3）对天敌控害功能的影响 在多数情况下，农药可以直接杀死天敌，但有的时候天敌接触农药后并没有直接死亡，而是处于半死麻醉状态，导致天敌的控害功能显著下降或丧失。溴氰·毒死蜱、杀虫双、吡虫·噻嗪酮等杀虫剂对梭毒隐翅虫残存个体的捕食功能的影响超过其致死作用。稻田施用 1 次杀虫双，拟水狼蛛捕食褐飞虱的功能需 7d 左右才能恢复到正常水平，且施用浓度越高，拟水狼蛛的功能减退越明显，功能恢复越慢。亚致死剂量吡虫啉处理能降低黑肩绿盲蝽对白背飞虱卵的捕食率，高浓度吡虫啉处理能显著降低稻虱缨小蜂对褐飞虱卵的寄生率，而氯虫苯甲酰胺和吡蚜酮无显著影响。

（4）对天敌繁殖能力的影响 氯虫苯甲酰胺、吡蚜酮、吡虫啉、三唑磷处理可显著降低拟水狼蛛产卵量，不同药剂处理后，未带卵囊蜘蛛的产卵量显著减少，带卵囊的无影响。同时，不同药剂处理影响了拟水狼蛛卵子形成及胚胎发育的过程。电镜观察发现，不同药剂处理后拟水狼蛛的卵黄颗粒变小，排列松散；卵母细胞内的线粒体数量减少，内质网发生断裂，这些都可能造成胚胎发育所需能量及营养供应不足、遗传物质变少，并影响卵黄及卵子形成，导致卵子数量和质量下降。吴进才（2017）研究表明药剂对天敌生殖的影响并非全是负面的，三唑磷、溴氰菊酯、吡蚜酮、氯虫苯甲酰胺亚致死浓度会刺激黑肩绿盲蝽生殖，使其产卵量显著高于对照。虽然一些低剂量药剂可刺激天敌生殖，但并不意味着药剂对天敌具有正面效应，原因有两个：一是刺激天敌生殖的药剂同样会刺激稻飞虱生殖（如三唑磷、溴氰菊酯等）；二是刺激天敌生殖的正面效应可能被药剂对天敌行为、功能及高剂量致死影响的负面效应所抵消，总体可能是负效应。另外，毒死蜱处理稻螟赤眼蜂成虫前各虫态，均会对其羽化率和羽化蜂畸形率造成显著影响，井冈霉素、三唑酮和吡蚜酮处理后均会显著降低其羽化率，其中井冈霉素对幼虫期和蛹期有明显作用，三唑酮和吡蚜酮处理则对除预蛹期外的各虫期均可造成羽化蜂畸形率升高的结果，从而影响了天敌的繁殖力。

2. 对天敌安全的合理施药技术

水稻播种或移栽后一个月左右是稻田天敌重建的关键时期。通过种子处理（直播田）或送嫁药（移栽田）等局部施药方式，防治播种或移栽后一段时间内的病虫害，进而在大田前期减少用药，是确保大田天敌重建的关键，也是合理用药，协调化学防治与天敌保护利用矛盾的一个重要策略。此外，对于大田难以避免的用药，选择对天敌较安全的药剂品种、组合，或使用对天敌影响相对较小的施药方式，是合理用药的又一策略。

（1）选择对天敌安全的药剂　大部分杀虫剂在杀死害虫的同时对天敌也有较大的毒杀作用（表2-10），因此在天敌发生不同时期选择安全合适的药剂十分重要。在不同种类农药对蜘蛛的影响方面，杀虫剂对蜘蛛的毒性大于杀菌剂和除草剂，且有机氯类和拟除虫菊酯类杀虫剂对蜘蛛高毒，有机磷类次之。而对于药剂的评价标准，也从单纯依靠室内致死中浓度LC_{50}，发展到结合田间使用浓度综合进行评价。

大量室内和田间研究结果表明，氯虫苯甲酰胺在田间推荐使用剂量下对有益节肢动物有良好的选择性，如对主要寄生蜂和传粉昆虫几乎无不良影响。王玺等（2013）采用浸渍法评价了氯虫苯甲酰胺、阿维菌素、吡蚜酮、噻嗪酮等8种用于防治水稻螟虫、稻纵卷叶螟及稻飞虱等重要害虫的田间常用防治药剂对草间钻头蛛和八斑鞘腹蛛的室内安全性。结果表明，毒死蜱、阿维菌素和甲维盐处理草间钻头蛛的死亡率均为100%；以安全系数为标准进行安全性评价，吡蚜酮、噻嗪酮、噻虫嗪、异丙威和氯虫苯甲酰胺为低风险性农药，毒死蜱为中等到高风险性农药，甲维盐为高风险性农药，阿维菌素为高到极高风险性农药。此外，毒死蜱、阿维菌素和甲维盐对捕食性天敌（如拟水狼蛛、食虫沟瘤蛛、黑肩绿盲蝽、狭臀瓢虫、拟猎蝽）和寄生性天敌（如稻螟赤眼蜂、广赤眼蜂等）都有毒性，其不仅可以直接杀死天敌，还会对天敌的寄生能力、繁殖力、寿命以及子代产生不利影响。刘其全等（2016）测定了11种水稻田常用的杀虫剂对捕食性天敌拟环纹豹蛛的室内毒力。结果显示，氯虫苯甲酰胺对拟环纹豹蛛较安全，而异丙威、仲丁威、毒死蜱、阿维菌素等对天敌都有一定程度影响，建议在天敌盛发期应慎用或少用，以减少这些药剂对天敌的杀伤，从而保护稻田天敌，充分发挥其控害作用。

表2-10　对天敌有高风险的常用杀虫剂或杀菌剂

药剂名称	对天敌的风险或影响
吡虫啉	杀伤黑肩绿盲蝽
烯啶虫胺	对赤眼蜂高毒
噻虫嗪	对赤眼蜂高毒
呋虫胺	对赤眼蜂高毒

（续）

药剂名称	对天敌的风险或影响
吡蚜酮	降低拟水狼蛛产卵量
阿维菌素	对稻虱缨小蜂、蜘蛛等天敌的杀伤作用大，属高到极高风险药剂；且缩短拟水狼蛛的交配时长，并显著降低其攻击次数
甲维盐	对稻虱缨小蜂、蜘蛛等天敌的杀伤作用大，属高到极高风险药剂；且缩短拟水狼蛛的交配时长，并显著降低其攻击次数
氯虫苯甲酰胺	缩短拟水狼蛛的交配时长，并显著降低攻击次数
毒死蜱	对天敌中等到高风险性毒性；影响赤眼蜂羽化率
氟环唑	对赤眼蜂高毒
三环唑	对黑肩绿盲蝽成虫有一定的杀伤作用
三唑磷	显著降低拟水狼蛛产卵量

（2）选择合理的施药方式　虽然不同剂量 19％三氟苯嘧啶·氯虫苯甲酰胺悬浮剂防治稻飞虱，药后 21 d 其防效均在 85％以上，但对天敌蜘蛛也有一定影响，药后 1～7 d 田间蜘蛛数量有所下降，随后开始回升并超过药前水平，对田间黑肩绿盲蝽的影响不明显。而利用 10％三氟苯嘧啶悬浮剂 22.5～90.0 g/hm^2 拌种水稻可有效降低直播稻田和机插秧田田间稻飞虱种群数量，对水稻安全，对天敌蜘蛛影响较小，可在水稻生产中推广应用。

（3）注意施药安全间隔期　在人工释放天敌时，也要充分考虑最后一次施药的间隔时间。在各供试药剂的田间推荐使用剂量下，噻虫嗪和阿维菌素对赤眼蜂的持续杀伤时间最长，在施药后第十天，赤眼蜂成蜂的死亡率仍达到 64.15％和 35.07％，与对照相比差异显著，而丁硫克百威、毒死蜱、辛硫磷、吡虫啉和嘧菌酯施用后第七天，赤眼蜂成蜂的死亡率与对照差异不显著。噻嗪酮、吡虫啉处理对于稻虱缨小蜂寄生率的影响有一定的时间效应，用药 5 d 后稻虱缨小蜂的寄生率变化已不显著，生产上用这两种药剂时应注意药剂的浓度和施药时间的间隔，以最小限度地影响天敌的功能，确保天敌功能较快恢复。

（4）使用对天敌安全的生物农药　生物农药在农业生产中越来越受欢迎，因为它们满足了人们对环境和食品安全日益增长的需求。金龟子绿僵菌 CQMa421 对稻田中稻飞虱的种群数量有很好的抑制作用。目前稻田系统中较理想的生物农药施用方法是在插秧前使用苏云金杆菌和枯草芽孢杆菌预防和减少苗期水稻害虫的发生，必要时，使用苏云金杆菌、白僵菌分别防治水稻鳞翅目害虫和稻飞虱。

此外，使用信息素诱集害虫天敌，尽管目前在稻田系统中利用该技术的研究还鲜有报道，但也值得关注。该技术是在农田系统中人工引入对害虫天敌的化学诱集物质（植物挥发物等信息素），通过对天敌的吸引诱集、扩散助迁，实现可持续控害。研究显示，在特定浓度下，正壬醇（10 mg/L）、2-庚醇（1 mg/L）、香叶基丙酮（0.1 mg/L）和β-石竹烯（0.01 mg/L）对稻虱缨小蜂具有显著引诱效果。大田试验研究表明，顺-3-己烯基乙酸酯、顺-3-己烯醛和芳樟醇能明显提高稻虱缨小蜂对褐飞虱卵的寄生作用。异石竹烯与反-2-十二烯醇对黑肩绿盲蝽有显著的诱集作用。通过与种植田间显花植物等功能植物及淹没式释放天敌等生态工程控害技术结合，可实现"push-pull"策略中"吸引-奖励"功能，并提升天敌控害能力。研究植物挥发物等信息素对害虫天敌行为及功能的作用，对稻田系统中利用天敌防治害虫具有十分重要的意义，随着研究的深入，该技术在保护和利用天敌中的作用值得期待。

第五节　其他绿色防控技术

一、防虫网和无纺布全程覆盖育秧

防虫网和无纺布秧田全程覆盖育秧是一种理想的物理防治措施，可替代杀虫剂拌种和秧田期施药。实践证明，采用 20 目及以上白色异型或方型防虫网，或采用 15~20 g/m² 规格的无纺布，全程覆盖育秧，可阻挡稻飞虱为害秧苗及传播病毒病，秧苗期的控害效果可达 100%。然而，防虫网或无纺布覆盖可对苗床造成一定的温室效应，所以正值高温、强日照天气的晚稻育秧期间，宜用 20 目防虫网，避免产生过强的温室效应，进而提高秧苗素质。

二、种养结合共作模式

与传统的单一水稻种植模式相比，种养结合的共作模式，如"稻-鱼""稻-鸭""稻-鳖"等，其生态系统结构与功能更具可持续性，是一种较好的健康稻田生态模式的例证。

"稻-鱼"共作模式在中国有着悠久的历史，可以降低稻田中植食性害虫的数量，减少杂草的丰富度和生物量，增加捕食性天敌的种群数量，减少农药的使用，并提高土壤和水稻的质量。最重要的是，"稻-鱼"共作模式的经济效益比单一稻作模式高出 10% 以上。

"稻-鸭"共作模式近 30 年里已经得到了广泛的应用，与传统的养殖模式相比，可以减少 30% 以上的化肥和 50% 的农药使用，显著提高水稻品质。"稻-鸭"共育区高峰期蜘蛛量比施药区高 63.6%，稻飞虱虫量比对照区下降 47.6%~72.8%，对稻飞虱可以起到稳定、持续的控制作用。

随着种养结合共作模式研究探索的深入，稻田系统中新的共作培养模式不断涌现，如"稻-蟹""稻-虾""稻-鳖""稻-蛙"等，可以在灌溉条件较好的地区，因地制宜进行推广和应用。

参 考 文 献

傅强，何佳春，吕仲贤，等，2021. 中国水稻害虫天敌的识别与应用. 杭州：浙江科学技术出版社：730-920.

梁锋，谭德锦、韩凌云，等，2017.19％三氟苯嘧啶・氟虫苯甲酰胺悬浮剂对水稻主要害虫的田间防治效果及对两种天敌的影响. 南方农业学报，48（10）：1824-1831.

刘其全，邱良妙，吴玮，等，2016.11 种稻田常用杀虫剂对拟环纹豹蛛的室内安全性评价. 福建农业学报，31（11）：1226-1230.

刘志岩，刘光杰，寒川一成，等，2002. 水稻抗白背飞虱基因 Wbph2 的初步定位. 中国水稻科学，16（4）：18-21.

马良勇，庄杰云，刘光杰，等，2002. 水稻抗白背飞虱新基因 Wbph6（t）的定位初报. 中国水稻科学（1）：16-19.

王玺，贾京京，张一帆，等，2013.8 种水稻田常用杀虫剂对 2 种天敌蜘蛛的室内安全性评价. 南京农业大学学报，36（3）：53-58.

吴进才，2017. 药剂诱导稻飞虱再猖獗及科学用药. 植物保护学报，44（6）：919-924.

郑许松，俞晓平，吕仲贤，等，2002. 茭白田蜘蛛的群落结构及多样性调查. 环境昆虫学报，24（2）：53-59.

中国农业科学院植物保护研究所，中国植物保护学会，2015. 中国农作物病虫害：上. 3 版. 北京：中国农业出版社：93-111.

钟玉琪，廖晓兰，侯茂林，2020. 基于自然寄主的黑肩绿盲蝽大规模饲养技术. 中国生物防治学报，36（6）：981-986.

朱平阳，郑许松，姚晓明，等，2015. 提高稻飞虱卵期天敌控害能力的稻田生态工程技术. 中国植保导刊，35（7）：27-32.

BALACHIRANJEEVI C H，PRAHALADA G D，MAHENDER A，et al.，2019. Identification of a novel locus, $BPH38$（t），conferring resistance to brown planthopper（Nilaparvata lugens Stål.）using early backcross population in rice（Oryza sativa L.）. Euphytica，215（11）：185.

GUO J P，XU C X，WU D，et al.，2018. Bph6 encodes an exocyst-localized protein and confers broad resistance to planthoppers in rice. Nature Genetics，50（2）：297-306.

HEJ，LIU Y Q，LIU Y L，et al.，2012. High-resolution mapping of brown planthopper（BPH）resistance gene $Bph27$（t）in rice（Oryza sativa L.）. Molecular Breeding，31（3）：549-557.

HU J，CHANG X Y，ZOU L，et al.，2018. Identification and fine mapping of $Bph33$，a new brown planthopper resistance gene in rice（Oryza sativa L.）. Rice，11（1）：55.

HUANG D, QIU Y, ZHANG Y, et al., 2013. Fine mapping and characterization of *BPH27*, a brown planthopper resistance gene from wild rice (*Oryza rufipogon* Griff.). Theoretical and Applied Genetics, 126 (1): 219-229.

JI H, KIM S R, KIM Y H, et al., 2016. Map-based cloning and characterization of the *BPH18* gene from wild rice conferring resistance to brown planthopper (BPH) insect pest. Scientific Reports, 6 (1): 1-14.

KAUR P, NEELAM K, SARAO P S, et al., 2022. Molecular mapping and transfer of a novel brown planthopper resistance gene *bph42* from *Oryza rufipogon* (Griff.) to cultivated rice (*Oryza sativa* L.). Molecular Biology Reports, 49 (9): 8597-8606.

KIM J C, AN X, YANG K, et al., 2022. Molecular mapping of a new brown planthopper resistance gene *Bph43* in rice (*Oryza sativa* L.). Agronomy, 12 (4): 808.

KISWANTO I, SOETOPO L, ADIREDJO A L, 2022. Identification of novel candidate of brown planthopper resistance gene *Bph44* in rice (*Oryza sativa* L.). Genome, 65 (10): 505-511.

KUMAR K, SARAO P S, BHATIA D, et al., 2018. High-resolution genetic mapping of a novel brown planthopper resistance locus, *Bph34* in *Oryza sativa* L. X *Oryza nivara* (Sharma & Shastry) derived interspecific F2 population. Theoretical and Applied Genetics, 131 (5): 1163-1171.

LI C P, WU D H, HUANG S H, et al., 2023. The *Bph45* gene confers resistance against brown planthopper in rice by reducing the production of limonene. International Journal of Molecular Sciences, 24 (2): 1798.

LI Z H, XUE Y X, ZHOU H L, et al., 2019. High-resolution mapping and breeding application of a novel brown planthopper resistance gene derived from wild rice (*Oryza rufipogon* Griff.). Rice, 12 (1): 41.

LIU Y Q, WU H, CHEN H, et al., 2015. A gene cluster encoding lectin receptor kinases confers broad-spectrum and durable insect resistance in rice. Nature Biotechnology, 33 (3): 301-305.

PRADHAN S K, RATH L K, PANDA S, et al., 2020. Molecular screening of *Nilaparvata lugens* (Brown planthopper) resistance genes in Hasanta rice variety using SSR markers. Journal of Entomology and Zoology Studies, 8 (3): 2048-2051.

REN J S, GAO F Y, WU X T, et al. 2016. *Bph32*, a novel gene encoding an unknown SCR domain-containing protein, confers resistance against the brown planthopper in rice. Scientific Reports, 6 (1): 1-14.

SAINI R S, KHUSH G S, HEINRICHS E A, 1982. Genetic analysis of resistance to whitebacked planthopper, *Sogatella furcifera* (Horváth), in some rice varieties. Crop Protection, 1 (3): 289-297.

SHI S J, WANG H Y, NIE L Y, et al., 2021. *Bph30* confers resistance to brown planthopper by fortifying sclerenchyma in rice leaf sheaths. Molecular Plant，14 (10)：1714-1732.

TAN G X，WENG Q M，REN X，et al.，2004. Two whitebacked planthopper resistance genes in rice share the same loci with those for brown planthopper resistance. Heredity，92 (3)：212-217.

YAMASAKI M，YOSHIMURA A，YASUI H，2003. Genetic basis of ovicidal response to whitebacked planthopper（*Sogatella furcifera* Horváth）in rice（Oryza sativa L.）. Molecular Breeding，12 (2)：133-143.

ZHANG Y X，GANG Q，MA Q，et al.，2020. Identification of major locus *Bph35* resistance to brown planthopper in rice. Rice Science，27 (3)：237-245.

ZHAO Z H，REDDY G V P，HUI C，et al.，2016. Approaches and mechanisms for ecologically based pest management across multiple scales. Agriculture Ecosystems & Environment，230：199-209.

ZHENG X S，LU Y H，ZHU P Y，et al.，2017. Use of banker plant system for sustainable management of the most important insect pest in rice fields in China. Scientific Reports，7：45581.

ZHU P Y，ZHENG X S，XIE G，et al.，2020. Relevance of the ecological traits of parasitoid wasps and nectariferous plants for conservation biological control：a hybrid meta-analysis. Pest Management Science，76 (5)：1881-1892.

第三章 <<<
稻飞虱化学防治技术

稻飞虱有暴发成灾的特性，化学防治通常是必要的防控措施，尤其在大发生的情况下，化学防治能迅速降低虫口基数，在短时间内发挥作用并挽回损失。稻飞虱从水稻苗期至成熟期都可造成危害，还可以传播病毒造成南方水稻黑条矮缩病、条纹叶枯病、黑条矮缩病等病害的流行。因此，稻飞虱的化学防控中可以采取"防"和"控"两种策略。其中，"防"主要是针对水稻病毒病流行区及稻飞虱在水稻早中期为害较重的区域，采用种子处理、送嫁药等预防性用药措施；"控"则指田间稻飞虱发生达到防治指标时采取的大田叶面喷雾、撒施等措施。

第一节　种子处理

种子处理是一种将农药溶液或粉末通过一定的方式应用于种子表面或内部，以保护种子和幼苗免受病虫侵害的农药使用方法。药剂种子处理可以达到以下 3 个目的：一是杀死种子携带的病原菌或控制病原菌等有害生物对种子贮存及运输的危害；二是杀死或控制播种后种子周围土壤环境中病原菌和地下害虫，防止其在种子萌发和幼苗生长过程中造成侵害；三是利用农药的渗透性或内吸作用，使农药进入幼苗各部分，防止苗期病害发生以及害虫为害。

通过种子处理可以预防水稻苗期稻飞虱及其传播的病毒病。在病毒病流行区及水稻生长前期稻飞虱发生重的地区，这种方法对移栽稻减轻秧苗期以及直播稻减轻苗期和分蘖期的稻飞虱及病毒病为害，均是一种事半功倍的施药方式。例如，南方稻区南方水稻黑条矮缩病、条纹叶枯病、黑条矮缩病发生区域，通过种子处理"控虫防病"，是最为有效的病毒病防治方式之一。云南早、中稻上常有白背飞虱大量迁入，落地成灾，种子处理可有效减轻秧苗期白背飞虱的防控压力。

种子药剂处理一般针对性强、用药量少、持效期长，在药效期内可发挥"以药等虫"的作用，不仅可以促进防治关口前移、减少农药用量，还可以培育壮苗，是绿色防控的重要措施之一。然而，在进行任何种子处理前，应仔细阅读和遵守相关的产品使用说明，选用合适的药剂和方法，按照正确的配比和程序进行处理，确保种子的安全。水稻种子药剂处理方法有浸种、拌种、包衣等主要方式（表3-1）。

表3-1　常用的种子药剂处理方法比较

处理方式	具体操作	对药剂选择的要求
浸种法	将干稻种直接浸渍到药液中一定时间，使种子充分吸收或黏附药剂，之后再催芽、播种	水剂、乳油、悬浮剂等可均匀分散在水中并与水形成较稳定药液的剂型，药剂选择范围较广
拌种法	待稻种浸种、催芽至露白后，沥干水分，加入适量药剂充分搅拌均匀，使药剂完全覆盖种子表面，晾干后再播种	粉剂、水分散粒剂、可湿性粉剂、水剂等多种剂型，以选择内吸性强的药剂为主，药剂选择范围广
包衣法	采用机械或手工方法，按一定比例将含有药剂、黏合剂和着色剂等多种成分的种衣剂均匀包覆在稻种表面，形成一层牢固且具有一定保护功能的药膜	可选悬浮种衣剂、微囊悬浮剂、干粉种衣剂、种子处理可分散粒剂、种子处理乳剂等剂型

一、主要种子处理技术

1. 浸种法

水稻浸种是将种子在合适浓度配比的药剂水分散液中浸渍一定时间，使药剂分子充分渗透到种子内部，以达到防治害虫、促进种子萌发和增加产量的目的。

浸种前一般需要晒种和选种，以提高种子的质量和萌发率，确保播种后种子的良好生长和高产。浸种法操作简单，将待处理的种子直接放入配制好的药液中，置于便于搅拌的设备中，使种子与药液充分接触、混匀。为了避免因种子吸水导致的水位降低引起种子未被浸没的情况，浸种药液一般需要高出浸渍种子10～15 cm。一般来说，干燥的水稻种子浸种时，种子与药液重量比为1∶1.25，而经过盐水选种后的湿水稻种子与药液比为1∶1。浸种处理后应通过适当的处理沥干水分，而后再进行催芽、播种等操作。

浸种的温度、时间以及药液浓度是影响浸种效果的重要因素，并对水稻种子的药剂吸收、药效发挥和种子发芽率等产生影响。过高的浸种温度、较长的浸种时间可能导致药剂被过快地吸收产生药害，对种子的生理状态造成不利影响；而过低的温度、较短的浸种时间又不利于药剂的渗透和吸收，且种子生理活性受到抑制，影响其发芽和生长。实际生产中，浸种水温一般为20～30℃，时长为12～48 h。

浸种所要求的农药剂型能够在水中自发分散和稳定悬浮，或者经搅拌能均匀分散在水中并与水形成相对稳定的药液，从而保证药剂与种子充分接触。通常情况下，粉剂不宜用作浸种使用，主要是因为其不溶于水，药粉会浮于水面或下沉，种子沾药不匀，达不到浸种杀虫的效果。常用剂型主要包括水剂、乳油、可湿性粉剂、悬浮剂等，不同剂型分散体系中药剂的分散度不同，致使药剂加水配制药液中分散度存在较大差异，从而影响药效。一般而言，水剂几乎完全溶于水，形成的药液分散度最好，但缺点是制剂中较少使用润湿剂，药液对种子润湿性较差；乳油和悬浮剂在水中可较好分散，药剂的分散微粒粒径小、分布均匀，形成的药液分散度好；可湿性粉剂颗粒粒径大，形成的药液稳定性差，药剂分散度相对较差。浸种过程中，应根据所使用药剂剂型的不同进行搅拌。此外，浸过的种子一般需要沥干水分，如果使用了对种子影响较大的药剂或对药剂忍受力差的种子，浸种后还应按要求用清水冲洗，以免发生药害。

2. 拌种法

拌种法就是将选定剂量的药剂与稻种按照一定比例进行混合，使被处理种子外面都均匀覆盖一层药剂，形成药剂保护层的种子处理方法。

拌种法操作时通常是先将水稻种子按照当地常规方法浸种、催芽至破胸露白，但应注意稻种的出芽程度应掌握在露白或芽长最多至半粒种子长时，芽过长容易在拌种时受损伤；沥干水分后按种子量和表面湿润程度，加入不超过用种量 1/40 的水（即按浸种前的每千克干种子加水不超过 25 mL）稀释配制后，按推荐剂量量取药剂，与适量清水混合调成浆状药液，然后与种子充分搅拌，直到药液均匀分布到种子表面。拌好药的种子一般直接用来播种，不需再进行其他处理，更不能进行浸泡或催芽。如果拌种后并不马上播种，种子在贮存过程中就要防潮。

拌种法对稻飞虱的防效好坏主要取决于拌种操作和药剂选择两方面。拌种过程中应避免出现药剂黏附不均、易脱落等现象。在有条件的地方应该尽可能利用专用拌种器或者圆柱形铁桶拌种，即将药剂和种子按照规定的比例加入桶内，封闭后滚动拌种，没有专用设备时也可在塑料袋或其他容器中拌种。当种子量大时应采用机械拌种，药剂和种子按比例加入滚筒拌种箱中（种子量不超过拌种箱最大容量的 75%，以保证足够空间供种子翻滚），以 30～40 r/min 的速度正反向滚动 2 min 拌种，待药剂在种子表面散布均匀即可。

在药剂选择方面，拌种使用的农药剂型以粉剂、可湿性粉剂等剂型为主。用粉剂拌种的最大优点是种子贮存期间药剂很少能够直接进入种子内部，这样可以提前对种子进行药剂处理而不至于出现药害。水稻种子一般表面较粗糙，适合药剂附着。药剂拌种浓度的计算方法，主要是按照农药拌种制剂占处理种子的重量百分比，如 25% 吡虫啉可湿性粉剂拌种浓度为 0.2%，表示每 100 kg 种子需要

25％吡虫啉可湿性粉剂 0.2 kg。

3. 包衣法

包衣法是将种衣剂包覆在稻种表面形成一层牢固种衣的种子处理方法，也是一种把防病、治虫、促生长等融为一体的种子处理技术。包衣法是当前种子处理技术的研究热点之一，包衣法具有护种苗（防止有害生物对种子和幼苗为害）、促生长（为种子萌发和幼苗生长提供相关营养物质）和易播种（调整种子大小和形状，有利于机械播种，起到种子丸粒化、标准化的作用）等优点。种衣剂包被在种子表面可快速形成固化膜，在土中遇水只能吸胀而不易被溶解和脱落，不易发生药剂流失，对人、畜及天敌相对安全。药膜吸水和药剂释放是种衣剂发挥作用的重要环节。包衣种子施入苗床或大田后，药膜随即开始吸收土壤水分，药剂中的有效成分通过成膜剂空间网状结构中的孔道释放，被种子吸收或在种子周围和土壤中形成一个"药圈"或"蓄水球囊"，从而使药剂被种子吸收向上传导，起到防治稻飞虱、保护秧苗的作用。

种子包衣是一个涉及多学科、多因子的复杂过程，种子包衣最好选用专用的剂型，即种衣剂；需要专用的包衣设备，即种子包衣机；也需要规范的包衣操作程序，即脱粒精选、药剂选择、包衣处理、计量包装等，以上步骤均必须按照相关要求进行处理。

种子包衣的要求有 3 点：①水稻种子质量要达标。作为标准化的技术，种子包衣技术的关键是保证种子的质量，特别是种子纯度和发芽率等方面，因此须首先做好选种工作，相关技术介绍参考浸种法中的相关内容。②种衣剂质量要合格。种子包衣法使用剂型不是浸种或拌种法采用的剂型，而是把单独（或混合）有效成分经特定加工工艺制成具有一定强度和通透性的专用剂型，即种衣剂。种衣剂是由农药原药、成膜剂及配套助剂等经特定加工工艺制成，直接或稀释后可包覆于种子表面形成具有一定强度和通透性的保护膜的农药剂型。经包衣的种子不用晾晒和烘干，包衣后可迅速固化成膜，并牢固地附着在种子表面。③包衣操作的方法和程序要规范合理。操作方法包括机械法和人工法，前者适合种子数量多、规模大、工厂化处理，而后者适用于农户进行少量种子包衣。

种子包衣处理作为一种稻田害虫常用的防治方法，具有用量准确、变化系数小，药剂在种子上保留时间长、持效期长，可减少农药使用量，降低农田污染等优点，在今后的水稻生产中将得到广泛的应用。

二、种子处理技术在稻飞虱防治中的应用

截至 2024 年 2 月，我国登记在水稻上有效期内的种衣剂产品有 107 种（数

据取自中国农药信息网数据中心 http：//www. icama. org. cn/zgnyxxw/zwb/
dataCenter? hash=reg-info)，其中，登记用于防治稻飞虱的单剂及杀虫杀菌
复配剂表3-2。杀虫剂种类主要包括吡蚜酮和一些新烟碱类杀虫剂，如吡虫
啉、噻虫嗪和呋虫胺。剂型主要有用于包衣操作的悬浮种衣剂和用于拌种、浸
种操作的种子处理可分散粒剂。一般而言，上述产品对白背飞虱、灰飞虱及其
传播的病毒病防效较好，而对褐飞虱则因抗药性问题防效不甚理想。

　　三氟苯嘧啶是一种新型介离子嘧啶酮类杀虫剂，具有高效、低毒、长持效等
优点，尽管尚未见登记的种子处理产品，但其在稻飞虱种子处理中有良好的应用
前景。在浙江直播单季晚稻上使用，对稻飞虱的防效在40 d以上；在江苏甚至
有报道，用10%三氟苯嘧啶悬浮剂进行水稻拌种处理，对直播稻田、机插稻田
中稻飞虱的防效可持续98 d以上。

表3-2　我国登记用于防治稻飞虱的种子处理剂

登记证号	农药名称	含量和剂型	每100 kg 干种子用量（g 或 mL）	处理方法	登记或生产企业
PD20160170	吡虫啉	600 g/L 悬浮种衣剂	641.7～700	种子包衣	宁波三江益农化学有限公司
PD20152177	吡虫啉	600 g/L 悬浮种衣剂	200～400	种子包衣	兴农药业（中国）有限公司
PD20180103	噻虫嗪	70%种子处理可分散粉剂	100～200	浸种	江西巴姆博生物科技有限公司
PD20172250	噻虫嗪	70%种子处理可分散粉剂	100～150	拌种	河南喜夫农生物科技有限公司
PD20211042	噻虫嗪	25%种子处理可分散粉剂	300～500	拌种	河南农王实业有限公司
PD20141934	噻虫嗪	30%悬浮种衣剂	210～315	拌种、种子包衣	山东哈维斯生化科技有限公司
PD20182193	吡蚜酮	70%种子处理可分散粉剂	643～857	拌种	宁波三江益农化学有限公司
PD20181052	吡蚜酮	50%种子处理可分散粉剂	150～200	拌种	安道麦安邦（江苏）有限公司
PD20152016	吡蚜酮	30%悬浮种衣剂	700～1 000	种子包衣	江苏艾津作物科技集团有限公司

（续）

登记证号	农药名称	含量和剂型	每100 kg干种子用量（g或mL）	处理方法	登记或生产企业
PD20211495	呋虫胺	22％种子处理可分散粉剂	800～1 100	拌种	广西田园生化股份有限公司
PD20183953	呋虫胺	10％干拌种剂	1 500～2 260	拌种	广西农喜作物科学有限公司
PD20211710	呋虫胺·嘧菌酯·种菌唑	25％种子处理悬浮剂	545～825	种子包衣	哈尔滨火龙神农业生物化工有限公司
PD20142412	苯甲·吡虫啉	26％悬浮种衣剂	800	种子包衣	山东仕邦农化有限公司

第二节　带药移栽

　　带药移栽主要是指在秧苗移栽前，以预防大田水稻前期病虫害、减轻大田前期病虫防控压力为主要目的而采取的施药措施。带药移栽是一种高效且简易的绿色防控技术，可确保秧苗健壮，不带病虫害，推迟大田水稻病虫害发生时间。同时，使大田前期的防治压力降低，大田施药次数和施药量减少，有利于天敌重建，提高了稻田的系统抗性，进而有利于后期病虫的防控，实现"防小田保大田"的目的。对稻飞虱及其传播的病毒病而言，同种子处理类似，带药移栽在水稻病毒病流行区及水稻生长前期稻飞虱发生重的地区，对减轻大田前期稻飞虱及病毒病为害，均是一种事半功倍的施药方式。

　　带药移栽的用药方式和施药时间因栽插方式而有所不同。人工移栽稻苗一般在移栽前2～3 d喷雾或浸根，过早施用会使药效减弱，拖后施用药物还未吸收，均不利于其发挥作用。机插秧苗因插秧时将秧苗连泥插入大田，避免了手工移栽时起秧、洗秧等过程中对药剂的冲刷，所以在移栽前喷雾或使用颗粒剂撒施都可行，甚至可以在插秧时同步施用。

　　带药移栽所选用的药剂应具内吸传导性、持效期长、活性高等特点，也可结合大田其他病虫害的发生情况，采用一剂多用、病虫兼治的方法。施用时应注意以下几个原则：①安全性。带药移栽通常会使用高于推荐剂量数倍的用药量，因此一定要保证药剂对人体和非目标生物具有较低的毒性，且不能对水稻自身产生药害。②有效性。选择的药剂针对稻飞虱要有较好的防治效果。③持效性。药剂应具有较长的防治效果。水稻幼苗阶段是害虫发生的高危期，因此要选择长效药剂，以确保水稻植株在整个幼苗期都能受到保护。④合理剂量。根据害虫的严重程度和药剂的建议使用剂量，确保施药剂量的准确性和合理性。过高的剂量可能导致农药残留和环境污染，而过低的剂量则可能无法达到有效防治效果。⑤合适剂型。根据具体的操作需求和环境条件，选择适合的药剂形式，如水溶剂、颗粒剂、微胶囊剂等。考虑到溶解性、稳定性和操作便捷性等因素，选择合适的药剂有助于提高施药效率和防治效果。

在水稻害虫防控方面，做好带药移栽可以对苗期的稻飞虱、二化螟、稻蓟马、稻秆潜蝇等多种害虫有控制作用。例如，稻飞虱的防治难点在于最佳用药时机难以把握，实际生产中施药时间容易偏迟，在秧苗期带药移栽可拉长持效期，对控制早期害虫发生有较好效果。因此，带药移栽操作对水稻早期害虫防治具有以下4个方面意义：

第一，实现高效防治害虫。水稻秧苗带药移栽将农药直接施加在水稻幼苗上，使得农药能够被充分接触和吸收，从而在移栽后立即发挥作用。这种方法有效地控制了害虫的发生和传播，提高了防治效果。与大田施药相比，水稻秧苗带药移栽能够更精确地靶向作用于水稻植株，减少了农药的浪费和环境污染。

第二，提高作物抗虫能力和适应性。水稻秧苗带药移栽可以在水稻幼苗期间有效提高植株的免疫力和抗虫能力。移栽时施加的农药能够在水稻幼苗表面形成保护层，提供长效的抗虫保护，使水稻植株能够更好地应对外界的害虫为害。

第三，减少农药使用量，提高劳动效率。传统的农药喷雾需要大量的农药覆盖整个稻田，而水稻秧苗带药移栽仅需适量的农药。这种精确施药的方式可以大幅度减少农药的使用量，降低农药成本，同时减少对环境的污染。水稻秧苗带药移栽技术将移栽和施药两个工序合二为一，简化了作业流程，提高了农民的劳动效率。

第四，有利于稻田早期天敌的重建，提高稻田对稻飞虱的自然控制力。秧苗带药移栽技术可以有效降低大田前期的防控压力，减少大田前期用药。该时期正是田间天敌从周边生境迁入并繁殖的关键时期，所以该技术有利于天敌的重建。以中国水稻研究所2018年在湖南衡阳连作晚稻的送嫁药示范为例，示范区田间寄生蜂的种类与个体数均多于常规防治对照，且第2周的差异更为明显，示范区分别是对照的1.9倍、5.0倍；进一步就第2周与第5周的寄生蜂种类、个体数进行比较，发现第2周种类、个体数占第5周的比例，示范区分别是常规防治对照的1.7倍、2.2倍，表明示范区寄生蜂的重建速度明显较快（表3-3）。

表 3-3 移栽后第 2、5 周送嫁药示范区与常规防治对照寄生蜂的比较（衡阳，2018）

处理	种类数			个体数		
	第 2 周	第 5 周	第 2 周占第 5 周的比例	第 2 周	第 5 周	第 2 周占第 5 周的比例
常规区	29 种	58 种	50.0%	87 头	258 头	33.7%
示范区	56 种	65 种	86.2%	436 头	605 头	72.1%
示范区与常规区之比	1.9	1.1	1.7	5.0	2.3	2.2

早在 20 世纪 70 年代就有秧苗带药下田的报道。福建省宁德市农业科学研究所稻虫防治小组（1973）在晚稻秧苗移栽前进行了不同药剂的带药移栽实验，发现其对稻飞虱等的治虫效果可达 67.3%～87.4%。近年来，随着药剂迁移策略的推广，带药移栽在减药控害中的应用更受关注。例如：廖永林等（2013）在移栽前用吡蚜酮可湿性粉剂进行苗床喷雾或根部施药，药后 33 天对白背飞虱、褐飞虱的防效分别达 82.3%～91.1%、80.8%～89.5%；栽前使用吡虫啉可湿性粉剂，药后 33 天的防效亦达 73.9%～93.2%。陈将赞等（2014）用 35% 吡虫啉悬浮剂进行苗床喷雾，移栽后一个月对稻飞虱的防效在 50% 以上。国家"十三五"重点研发计划"长江中下游水稻化肥农药减施增效技术集成研究与示范"项目实施过程中，在江西、湖南、湖北、浙江和安徽等地五省示范了吡蚜酮、噻虫嗪及其复配剂作为送嫁药对稻飞虱的防控效果，其防效可持续 30 d 以上，有效减少了大田前期对稻飞虱的药剂防治。

第三节 大田施药技术

移栽后大田施药技术主要包括喷雾和撒施两种方式。为避免农药滥用，保护天敌，一般是在稻飞虱达到防治指标后，选用对路药剂，在低龄若虫高峰期实施防治。

防治指标因水稻生育期、品种类型、栽培制度等差异而有所不同。一般水稻前中期防治指标从严，后期适当从宽。其中，褐飞虱的防治指标为：双季稻地区早稻每百丛 1 000～1 500 头，晚稻每百丛 1 500～2 000 头，黄熟期 2 500～3 000 头；江苏单季晚粳稻分蘖期、拔节孕穗期、灌浆期、蜡熟期每百丛分别为 100～300 头、500～600 头、800～1 000 头和 1 200～2 000 头，籼稻分蘖期、孕穗破口期、灌浆期每百丛分别为 200～500 头、800～1 000 头和 1 500～2 000 头；浙江单季晚稻分蘖期、孕穗期、灌浆期的防治指标每百丛分别为 200～300 头、

300～500 头和 1 500～2 500 头；各类单季晚稻或连作晚稻拔节孕穗期，每百丛短翅雌虫 10～20 头应防治。白背飞虱防治指标为：主害代每百丛虫量，杂交稻破口孕穗期、抽穗灌浆期分别为 800～1 000 头、1 000～1 500 头，常规稻孕穗破口期、抽穗灌浆期分别为 600～800 头、1 000～1 200 头；迁入代成虫则为每百丛 100～200 头；病毒病流行区，白背飞虱带毒率高时每百丛虫量 5～20 头，带毒率低时每百丛 50～100 头。

一、喷雾施药技术

通过喷雾器械将液态农药喷洒成雾状分散体系（即雾化）的施药方式称为喷雾施药技术。雾化的实质是在外力的作用下，克服分散体系自身的表面张力，从而实现比表面积的显著增加。根据外力的形式，雾化可分为三种类型：液力式雾化、气力式雾化和离心式雾化。液力式雾化是指在药液受到压力后，由于液体内部的不稳定性，液膜与空气发生碰撞并破裂成细小雾滴。这些雾滴通过特殊构造的喷头和喷嘴进行分散，最终以雾滴形式喷射出去。气力式雾化利用高速气流对药液进行拉伸，使药液分散成细小且均匀的雾滴，从而实现雾化的过程。离心式雾化是指药液在受到离心力作用后脱离圆盘（或圆杯）边缘，并延伸成液丝，随后断裂形成细小的雾滴。

喷雾时，雾滴的大小直接影响其分布特性（包括沉降量、覆盖密度、穿透性和均匀性），进而影响喷雾施药的防治效果。假设雾滴为球体，一个直径为 500 μm 的雾滴，若直径减小 1/2，则变成直径为 250 μm 的 8 个雾滴，即雾滴数量增加到 8 倍。显然，降低雾滴大小可增加在单位土地面积内雾滴的数量。然而，合适的雾滴大小常因防控对象不同而有所差异，稻飞虱等稻田中飞行昆虫的最佳粒径为 10～50 μm。

（一）喷雾施药器械

1. 背负式手动喷雾器

背负式手动喷雾器是我国稻田中应用时间最长、应用范围最广的一类喷雾设备，有手动、机动两类。它具有喷洒均匀、使作物叶面充分湿润的技术要求，还具有附着力强、持效期长、效果好等优点。该类型喷雾器结构相对简单，操作便捷，价格适中，适应性广泛，然而其雾滴较大、易被叶片截留、沉积量低、穿透性不高，存在"跑、冒、滴、漏"的问题，且工作效率较低，作业强度较大。

2. 手推式机动喷雾机

将机具各工作部件安装在类似手推车的机架上，作业时由人推着车体进行移动的机动喷雾机称为手推式机动喷雾机。其特点包括喷射压力高、射程远、喷量大，在稻田中具备吸水和自动混药的能力。根据使用的泵类型，手推式机动喷雾机分为手推式离心泵喷雾机和手推式往复泵喷雾机两类。后者又可进一步分为手推式活塞泵喷雾机、手推式柱塞泵喷雾机和手推式隔膜泵喷雾机三类。常用的手推式机动喷雾机为常规容量喷雾，药液流量为每分钟 10～35 L，每亩施药时间为 2～4 min，药剂射程可达 12～25 m，通常需要 2～3 人操作。

3. 自走式喷杆喷雾机

自走式喷杆喷雾机是一种高工效植保机械，它将喷头装在横向或竖立的喷杆上，可以自主提供喷雾动力和行走动力，无需其他动力支持即可完成工作。其突出优点包括作业效率高、喷洒质量好以及药液量均匀分布，适用于大面积喷洒各种农药。近年来，自走式高地隙喷杆喷雾机已经成为部分植保专业合作社和种粮大户首选的稻田植保机械。然而，自走式喷杆喷雾机在田间行走过程中难免会对稻株造成机械损伤，尤其是在转向和掉头时，损伤情况更加严重。同时，操作过程中还受到田块平整度、泥层深度、进出稻田道路及地形等因素的影响。

自走式喷杆喷雾机被普遍认为具有作业效率高、均匀性好以及防效优良等特点。以永佳 3WSH-500 型自走式高地隙水旱两用喷杆喷雾机为例，其基本参数如下：药箱容积为 500L、单边喷幅为 13 m、施药高度为 1.5 m、作业速度为 0.8 m/s，每亩用水量为 30～40L。在这些条件下，作业效率可达 20 hm²/d。相比于其他药械，喷杆喷雾机在稻丛垂直方向的穿透能力较好。据观察，喷杆喷雾机施药时，离地 30 cm 处（稻飞虱栖息区）的雾滴密度达到离地 90 cm 处（剑叶中下部位置）的 53％，高于植保无人机，而且在喷幅范围内不同位置的雾滴分布密度没有显著性差异，表现出较好的雾滴均匀性。

4. 航空喷雾器

农用航空喷雾是指利用航空器及其机载设备，在靶标区域进行施药作业。这种作业方式能够迅速进行大面积覆盖，提高作业效率。根据作业平台的类型，可分为固定翼飞机和旋翼飞机；根据动力类型，可分为电动无人机和油动无人机；根据操纵方式，则分为有人驾驶飞机和无人机。我国常见的农用航空喷雾器喷头主要有液力雾化式和旋转离心雾化式两种。除了喷雾设备和控制技术，航空喷雾的效果还受作业条件（如气候、风向、风速等）、飞行参数（如飞行速度、飞行高度等）及药液的理化性质等因素的影响。因此，在进行航空喷雾作业时，必须要考虑合适的设备、作业条件和飞行参数等。

近年来，我国植保无人机发展十分迅速，截至 2023 年 12 月底，我国植保无人机数量达 20 万架，作业面积达 21.3 亿亩次。植保无人机新机型的载药量多为 20～40 L，飞行高度 1～2m（距作物顶层高度），最大作业速度在 6～15 m/s，流量多低于每亩 1.5 L，喷幅约 6 m；作业效率高，日作业面积可达 200～300 亩。当前植保无人机多配套全自主飞行控制系统，且发展速度较快，很好地保证了飞行高度、作业速度和流量等基本参数的稳定性，改善了无人机的可操作性和安全性。

雾滴沉积情况是植保无人机喷雾作业质量的重要评价指标之一，包括雾滴覆盖密度或沉降量、均匀性和穿透性等方面。田间实测结果表明，植保无人机喷雾作业的雾滴沉积密度一般为每平方厘米 5～165 个，不同飞行参数、不同机型甚至同一款飞机的不同飞行架次之间均有一定差异；稻株中下部雾滴密度与上部叶片上雾滴密度的比值为 0.079～0.122，略高于背负式喷雾机，但低于自走式喷杆喷雾机。

（二）喷雾配套技术

静电喷雾和农药助剂是改善喷雾技术的两条重要途径，两者将促进雾滴在植株上的吸附，减少雾滴飘移，提高农药利用率。

静电喷雾是指在液体喷嘴和对应的接地电极之间，通过高压发生器施加数千伏的电压，使喷嘴尖端流出带电液体。在表面张力、静电力和重力的共同作用下，药液进一步均匀破碎，定向飞向并吸附在与其电荷极性相反的植物叶片上。采用静电喷雾技术喷洒农药具有雾滴微小、沉积量高、均匀性好、用药量较少、农药利用率高以及耐雨水冲刷等特点。

喷雾助剂与农药产品混用时，能够降低药液的表面张力、增加雾滴黏附与沉积、提高润湿和展布性能，溶解或渗透害虫或植物叶片表面蜡质层，促进药剂的吸收和传导，进一步增强了农药的药效。根据其功能，喷雾助剂分为展着剂、防飘移剂、润湿剂、渗透剂及增效剂等不同类别。从化学角度分类，喷雾助剂包括无机盐类、表面活性剂类、有机硅表面活性剂类、矿物油类和植物油类等。由于不同类型的助剂对环境条件有不同的要求，生产过程中应根据助剂特性和环境要求，选择合适的助剂（表 3 - 4）。

植保无人机喷雾雾滴较小，施药时需要采取措施防飘移和蒸发，添加助剂是重要手段。目前已开发了较多的航空专用助剂，涉及高分子聚合物、油类助剂、有机硅等不同类型。飞防专用助剂的作用：①影响雾滴大小。适量的助剂能改变药液的动态表面张力、黏度等，在相同的喷头和压力下，添加油类助剂可增加雾滴粒径。②抗蒸发。例如，加入助剂后 25％吡蚜酮的水分蒸发抑制率可从 0.58％提高到 33.98％。③抗飘失。加入助剂可以改变雾滴粒径，减少飘失，如加入油类飞防助剂后飘失量从 21％减少至 13％。④促沉积。助剂有利于药液在植物体表润湿渗透，提高农药沉积率。

表 3 – 4　稻田常用增效助剂及其特点

助剂名称	厂家	抗蒸发	抗飘失	促沉积	黏附性	渗透力	持效性	其他
迈飞（航空助剂）	北京广源益农化学有限责任公司	抗蒸发、延长雾滴干燥时间	抗飘移、调节雾滴谱、减少小雾滴形成	促沉降、抑制雾滴蒸发、加快雾滴沉降	促附着，改进雾滴的润湿和铺展，耐雨水冲刷	促吸收，加快有机体蜡质层溶解，促进药液吸收	—	—
倍达通（航空助剂）	河北明顺农业科技有限公司	—	提高抗飘移能力	促沉降	耐雨水冲刷	降低表面张力、加快蜡质层溶解	—	—
克胜（航空助剂）	江苏克胜集团	扩展润湿	适应性强、减少飘移	改善水质、乳化效果好	—	加速传导、增强渗透、提高药效	提高利用率、持效期长	优化雾滴大小、喷雾均匀稳定
田园（喷雾助剂）	广西田园生化股份有限公司	挥发性低、抗蒸发	—	—	黏附性强	渗透性强	药效快、持效期长	喷液量少、雾滴小、有效成分浓度高、工效高
Silwet408（有机硅）	迈图高新材料集团	润湿与扩展性能好	—	增强药液附着、增加覆盖面	增强药液附着、耐雨水冲刷	增加覆盖面	降低喷雾量和农药残留	—
激健（增效助剂）	四川省广汉市蜀峰化工有限责任公司	—	—	—	具湿展作用	具有传导、穿透作用	农药使用量减少、减少农药残留、安全性好	—
领美（矿物源增效剂）	北京广源益农化学有限责任公司	—	—	—	—	包裹在害虫虫体表面、促进药液吸收	—	在作物表层形成油膜、分隔病虫害、溶解昆虫蜡质层、干扰新陈代谢、阻塞害虫气孔并干扰呼吸系统、加速死亡

二、撒施技术

除喷雾之外，还有撒施毒土、水面展膜剂和药肥一体化等施药方法。这些施药方法通常无须用水配制药液，可直接撒施，既简单又方便。

1. 撒施毒土

水稻后期田间缺水或遇干旱时，可选用熏蒸剂（如敌敌畏）拌土撒施的办法。每亩选用80%敌敌畏乳油120～150 mL，可先用少量水稀释药剂，与15～20 kg干燥的细土或细沙混拌，制成毒土，均匀撒于稻丛基部。该方法适合于稻飞虱大发生时的速效防控。值得注意的是，选用敌敌畏配制毒土及撒施过程中，要特别注意做好个人防护，注意人身和作物安全，防止发生中毒事故。

2. 水面展膜法

水面展膜法利用水稻田有水的独特环境，把疏水性农药溶解在有机溶剂内制成独特的展膜油剂，使用时只需"点状施药"，药剂滴在水面后自行呈波状迅速扩散，并沿着水稻基部向上爬升。该方法具有使用简便、无需器械、展布均匀、防效优良和受环境条件影响小等特点。

展膜油剂属特殊剂型，以噻嗪酮展膜油剂为例，其主要根据超分子化学理论，结合噻嗪酮原药的药理特性及分子结构特征，是由水面扩散剂分子与噻嗪酮分子间非共价键结合而形成的一种特殊油剂。药液直接滴到水田后可迅速扩散形成药膜，并沿水稻茎基部向上爬升到20 cm处，达到靶向给药杀虫的目的。其使用较简便，每亩稻田只需将药剂（100～150 mL）分10～15个等距施药点撒施，下雨或阴天均可直接施药，保持田间5～7 cm水层5～7 d，但雨天应避免大雨导致雨水漫过田埂引起药剂流失。

展膜药剂因其使用的方便性在我国颇受重视。8%噻嗪酮展膜油剂、30%毒·噻展膜油剂曾于20世纪末在我国推广用于稻田飞虱防控，但由于技术不够成熟，铺展效果不理想，并未获得市场的广泛认可。近年来，8%噻嗪酮展膜油剂、4%噻呋酰胺展膜油剂、4%呋虫胺展膜油剂、5%醚菊酯展膜油剂等一批新产品相继得到登记或示范推广（表3-5）。

表3-5 采用水面展膜法对稻飞虱的防控

药剂名称	使用剂量	防治效果	引用文献
8%噻嗪酮展膜油剂	1 500～7 500 mL/hm²	对白背飞虱在早稻后期防效为68.0%～81.7%，在单晚稻前期及双晚秧田防效达88.7%～98.7%，持效期15 d以上	应薛养等，2000

（续）

药剂名称	使用剂量	防治效果	引用文献
8%噻嗪酮展膜油剂	1 500 mL/hm²	药后 3 d，虫口密度减退率为72.41%，药后10 d达到98.8%，该药剂具有速效性和持效性	徐佩玲和秦国萍，2002
5%醚菊酯展膜油剂	有效成分150 g/hm²	施药后3 d防治效果为52.09%，施药后7 d防治效果为78.52%。各调查点7 d后的防治效果均在60%以上	冯超等，2010
4%呋虫胺展膜油剂	有效成分90～150 g/hm²	有效成分用量为90、120、150 g/hm²时，药后30 d校正防效分别为85.3%、90.1%、95.7%；药后50 d校正防效分别为56.2%、74.5%、83.3%	黄崇春等，2016
1%印楝素展膜油剂	有效成分9 g/hm²	药后3 d对稻飞虱的防效为31.25%，药后 7 d 的防效为72.55%，药后15 d防效为38.05%	游经正，2017

参 考 文 献

陈将赞，丁灵伟，戴以太，等，2014. 不同药剂带药移栽防治水稻前期害虫试验. 浙江农业科学（12）：1827-1829.

冯超，杨代斌，袁会珠，2010. 5%醚菊酯展膜油剂配制及其对稻飞虱的防治效果. 农药学学报，12（1）：67-72.

郭永旺，袁会珠，何雄奎，等，2014. 我国农业航空植保发展概况与前景分析. 中国植保导刊，34（10）：78-82.

何东兵，朱友理，吴佳文，等，2019. 不同药剂拌种对水稻穗前病虫害的控制效果. 浙江农业科学，60（4）：601-604.

胡章涛，2020. 药液量和飞防助剂对低空低（超低）容量喷雾施药效果的影响. 合肥：安徽农业大学.

黄崇春，王迎春，杨代斌，等，2016. 呋虫胺4%展膜油剂的配制及田间防效研究. 农药科学与管理，37（5）：30-34.

李国君，卓晓光，郭荣，等，2014. 60%吡虫啉悬浮拌种剂（高巧）对防治水稻飞虱和预防病毒病的效果评价. 生物灾害科学，37（3）：254-259.

李伟群，刘晓亮，黄秀枝，等，2014. 30%吡蚜酮悬浮种衣剂对水稻的安全性及对稻飞虱的防控效果. 南方农业学报，45（11）：1976-1980.

李英，张晓辉，孔庆勇，等，2003. 雾滴分类及其测量方法研究现状. 农业装备技术，29（4）：39-40.

廖永林，李燕芳，刘明津，等，2013. 水稻带药移栽对分蘖期白背飞虱和褐飞虱的防治效果.

环境昆虫学报，35（3）：311-316.

刘慧强，董雪娟，费朝品，等，2014. 小型植保无人机施药防治稻飞虱的田间效果. 中国植保导刊，34：45-46.

刘武兰，周志艳，陈盛德，等，2018. 航空静电喷雾技术现状及其在植保无人机中应用的思考. 农机化研究，40：1-9.

卢小平，肖冬芽，甘贱根，等，2018.4 种施药器械对水稻基部病虫害的防效比较及经济效益分析. 江西农业学报，30（5）：61-64.

陆凉夏，徐彩萍，陆宗明，等，2022. 农用植保无人机在水稻主要病虫害防治中的应用. 农业技术与装备（1）：78-80.

马明勇，吴生伟，彭兆普，2022. 三氟苯嘧啶种衣剂对褐飞虱控制效果研究. 应用昆虫学报，59：1143-1150.

宁德地区农科所稻虫防治小组，1973. 晚稻秧苗带药移栽的治虫效果试验. 福建农业科技：23-24.

王怀敏，刘加平，2015. 我国植保机械及施药技术现状与发展趋势. 中国机械：69-70.

王硕，胡香英，胡恩旗，等，2019. 金龟子绿僵菌对稻飞虱的飞防效果. 热带农业科学，39（1）：70-74.

韦敏超，梁仁敏，黄徐谋，等，2023. 植保无人机对水稻病虫害的防治效果研究. 现代农业科技（8）：103-105.

魏琪，万品俊，何佳春，等，2021. 不同作业方式和施药模式下杀虫剂对褐飞虱的防治效果. 植物保护学报，48（3）：483-492.

吴翠翠，吴小兵，袁红银，等，2022. 不同种子处理药剂对水稻病虫害的防控效果初探. 植物医学，1：70-76.

吴永忠，程蕾，杨胜红，2017. "毒土"对稻飞虱的防治效果. 植物医生，30（12）：56-57.

谢茂成，魏琪，何佳春，等，2021. 药剂种子处理对水稻恶苗病、稻蓟马和白背飞虱的防效. 浙江农业科学，62（8）：1580-1582.

徐佩玲，秦国萍，2002. 噻嗪酮展膜油剂防治稻飞虱的效果. 安徽农学通报，8（4）：51.

应薛养，陈美容，黄继平，2000.8％噻嗪酮水面展膜油剂防治白背飞虱. 植物保护，26（4）：41-43.

袁传卫，姜兴印，2013. 浅谈农药剂型的研究现状. 世界农药，35（3）：54-58.

苑立强，贾首星，沈从举，等，2010. 静电喷雾技术的基础研究. 农机化研究，32：28-30.

张国，于居龙，束兆林，等，2019.10％三氟苯嘧啶 SC 拌种水稻对稻飞虱的防效及安全性评价. 南方农业学报，50（12）：2695-2702.

张国，于居龙，束兆林，等，2021. 三氟苯嘧啶不同种子处理方式对稻飞虱的控制效应. 环境昆虫学报，43（2）：507-515.

张海艳，兰玉彬，文晟，等，2019. 植保无人机水稻田间农药喷施的作业效果. 华南农业大学学报，40（1）：116-124.

张莉，李国清，娄兵，等，2018. 极飞 P20 植保无人机防治稻飞虱田间药效试验. 湖北植保

（2）：9-10.

张舒，胡洪涛，2017. 我国水稻种子处理剂登记现状分析与展望. 农药，56（10）：708-711.

赵林，张琼，李悦娜，等，2020. 两种方式施用三氟苯嘧啶防治稻飞虱的效果. 中国植保导刊，40（11）：84-86.

赵敏，张国忠，何丽娟，等，2022. 三氟苯嘧啶防治单季稻主害代稻飞虱效果及安全性研究. 生物灾害科学，45（2）：131-135.

郑立平，康启中，潘武，2020. 10％三氟苯嘧啶悬浮剂无人机防治水稻稻飞虱大区效果分析. 安徽农学通报，26（24）：110-111.

朱桂梅，潘以楼，何东兵，等，2011. 吡蚜酮种子处理对灰飞虱和水稻条纹叶枯病的防效. 江西农业学报，23（1）：100-102.

CORDOVA D，BENNER E A，SCHROEDER M E，et al.，2016. Mode of action of triflumezopyrim：A novel mesoionic insecticide which inhibits the nicotinic acetylcholine receptor. Insect Biochemistry and Molecular Biology，74：32-41.

第四章 <<<
稻飞虱防治药剂

截至 2023 年 12 月 31 日，我国登记防治稻飞虱的农药商品总计 1 666 个，约占我国登记杀虫剂商品（不含原药）的 12%，其中登记单剂商品 1 114 个、混剂商品 552 个。本章分生物农药和化学农药两部分列举了稻飞虱防治的药剂品种，详细介绍了每种药剂理化性质、毒性、防治对象、使用方法、注意事项及主要制剂和生产企业。

第一节　生物农药

目前，防治稻飞虱的生物农药主要有微生物农药和植物源农药，较理想的生物农药品种主要有苦参碱、金龟子绿僵菌、球孢白僵菌、爪哇虫草菌等。

1. 苦参碱（matrine）

【理化性质】

熔点：77℃；溶解度（20℃）：微溶于水，在乙醇、氯仿、甲苯、苯、丙酮中易溶解，在石油醚中微溶；稳定性：稳定性较强，在碱性条件下可水解成苦参碱酸盐。

【毒　　性】

低毒。大鼠急性经口 $LD_{50} > 5\ 000\ mg/kg$，大鼠急性经皮 $LD_{50} > 2\ 000\ mg/kg$，大鼠急性吸入 $LC_{50} > 2\ 000\ mg/m^3$。对大多数非靶标生物（如蜜蜂、鸟类和鱼类）较安全。

【防治对象】

为植物源农药，兼具杀虫和杀菌的功能。作杀虫剂时能引起害虫中枢神经麻痹，虫体蛋白凝固，从而堵死虫体气孔，使虫体窒息死亡。作杀菌剂时，能抑制菌体生物合成，干扰菌体的生物氧化过程。由于其对天敌相对安全，在水稻生长前期使用可以有效保护蜘蛛等天敌，从而减少后期其他药剂的使用。本品对稻飞虱防治有特效。

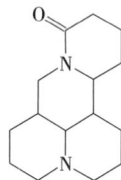

【使用方法】

防治稻飞虱，在水稻分蘖期至幼穗分化期前，当稻飞虱田间虫量达到 5～10 头/丛时开始施药，每亩使用 1.5％苦参碱 50 mL，使用足够水量 20～30L，对作物茎叶均匀喷雾。

【注意事项】

为延缓害虫抗性发生，针对连续世代的害虫请勿使用相同产品或具有相同作用机理的产品。在害虫发生初期使用本品一次，然后使用具有不同作用机理的其他产品。

【主要制剂和生产企业】

1.5％苦参碱可溶液剂。

成都新朝阳作物科学股份有限公司。

2. 金龟子绿僵菌 CQMa421（*Metarhizium anisopliae* CQMa421）

【生物学特征】

生物学分类地位：真菌界（Fungi），子囊菌亚门（Ascomycota），粪壳菌纲（Sordariomycetes），肉座菌目（Hypocreales），麦角菌科（Clavicipitaceae），绿僵菌属（*Metarhizium*），金龟子绿僵菌（*Metarhizium anisopliae*）。

形态鉴定特征：该菌种在马铃薯葡萄糖琼脂（PDA）培养基上生长，菌落开始呈白色絮状，背面浅黄或无色，菌落产孢后呈浅绿色，后转变为灰绿色。分生孢子梗单生，无隔，有分枝，直立，壁光滑。产孢细胞呈瓶形，簇生于分生孢子梗的顶端。分生孢子为单胞，呈长椭圆形至短柱形，表面光滑，大小为（5～8）μm×（3～4）μm。

有效成分主要形态：气生分生孢子。

【理化性质】

纯品为浅绿色至橄榄绿色粉末，不溶于水，分散于有机溶剂。该产品是可分散油悬浮剂，为墨绿色悬浮液，相对密度 0.98，pH 5～8.5，150℃以下无闪点，引燃温度 400～500℃。

【毒　　性】

微毒。大鼠急性经口 LD_{50}＞5 000 mg/kg，大鼠急性经皮 LD_{50}＞5 000 mg/kg，大鼠急性吸入 LD_{50}＞5 000 mg/kg。对非靶标生物（如蜜蜂、鸟类和鱼类）安全。在田间条件下无风险。

【防治对象】

绿僵菌孢子通过体壁侵入昆虫体内生长繁殖，使害虫衰竭死亡。杀虫谱广，不会产生抗药性，持效期长，对稻飞虱有良好的防治效果。

【使用方法】

防治稻飞虱，在发生始盛期使用，在稻丛基部喷药，每亩使用 60～90 mL，使用足够水量 20～40 L，对作物茎叶均匀喷雾。也可与其他杀稻飞虱农药搭配使用，增效和克服抗药性。

【注意事项】

为保证药效，不能与酸、碱、强氧化剂和不兼容的杀真菌剂混合使用。

【主要制剂和生产企业】

80 亿孢子/mL 金龟子绿僵菌 CQMa421 可分散油悬浮剂。

重庆聚立信生物工程有限公司。

3. 球孢白僵菌 ZJU435（*Beauveria bassiana* ZJU435）

【生物学特征】

生物学分类地位：真菌界（Fungi），子囊菌门（Ascomycota），盘菌亚门（Pezizomycotina），粪壳菌纲（Sordariomycetes），肉座菌目（Hypocreomycetidae），虫草科（Cordycipitaceae），白僵菌属（*Beauveria*），球孢白僵菌（*Beauveria bassiana*）。

形态鉴定特征：该菌种在马铃薯琼脂培养基上生长，菌落呈平绒状，底部无色或淡黄色；产孢结构为膝状或"之"字形弯曲且具小齿状突起的轴梗（分生孢子梗）；孢子球形或近球形，大小为（2～3）μm×（2～2.5）μm。

有效成分主要形态：气生分生孢子。

【理化性质】

纯品为白色至浅黄白色粉末，不溶于水，分散于有机溶剂。该产品是可分散油悬浮剂，为淡黄色悬浮液，相对密度 0.97，pH 5～8.5。150℃以下无闪点，引燃温度 400～500℃。

【毒　　性】

微毒。大鼠急性经口 LD_{50}＞5 000 mg/kg，大鼠急性经皮 LD_{50}＞5 000 mg/kg。对非靶标生物（如蜜蜂、鸟类和鱼类）安全。在田间条件下无风险。

【防治对象】

白僵菌孢子通过体壁侵入昆虫体内生长繁殖，其害虫衰竭死亡。杀虫谱广，不会产生抗药性，持效期长，对稻飞虱有良好的防治效果。

【使用方法】

防治稻飞虱，在发生始盛期使用，在稻丛基部喷药，每亩使用 60～90 mL，使用足够水量 20～30L，对作物茎叶均匀喷雾。也可与其他杀稻飞虱农药搭配使用，增效和克服抗药性。

【注意事项】

为保证药效，不能与酸、碱、强氧化剂和不兼容的杀真菌剂混合使用。

4. 爪哇虫草菌 JS001（*Cordyceps javanica* JS001）

【理化性质】

纯品为灰褐色均相液体，存放过程中，可能出现沉淀，但经手摇动即可恢复原状，无特殊气味。

【毒　　性】

微毒。大鼠急性经口 $LD_{50}>5\,000$ mg/kg，大鼠急性经皮 $LD_{50}>5\,000$ mg/kg。对非靶标生物（如蜜蜂、鸟类和鱼类）安全。在田间条件下，主要保留在浅表土层中，其在土壤中的生物积累或生物放大风险低。

【防治对象】

新型微生物杀虫剂，持效期长，可用于防治稻飞虱等刺吸类害虫。由于其对天敌安全，在水稻生长前期使用可以有效保护蜘蛛等天敌，从而减少后期其他药剂的使用。本品对稻飞虱防治有理想效果。

【使用方法】

防治稻飞虱，在水稻分蘖期至幼穗分化期前，当稻飞虱田间虫量达到 4～8 头/丛时开始施药，每亩使用 50 亿孢子/mL 爪哇虫草菌 JS001 可分散油悬浮剂 30～40 mL，使用足够水量 20～30 L，对作物茎叶均匀喷雾。

【注意事项】

（1）为发挥本品对害虫持续控害效果，针对连续世代的害虫请勿使用相同产品或其他真菌杀虫剂产品。在害虫发生初期使用本品一次，然后使用具有不同作用机理的其他产品。

（2）为保持真菌孢子活性，有效促进其侵染，应避免在高温和低湿条件下使用。

【主要制剂和生产企业】

50 亿孢子/mL 爪哇虫草菌 JS001 可分散油悬浮剂。

江苏省农业科学院植物保护研究所。

第二节　化学农药

化学防治目前仍然是稻飞虱防控的主要措施，在生产上使用的化学药剂品种主要有新烟碱类、介离子类、三嗪酮类、有机磷类、氨基甲酸酯类等药剂。

一、氨基甲酸酯类

1. 丁硫克百威（carbosulfan）

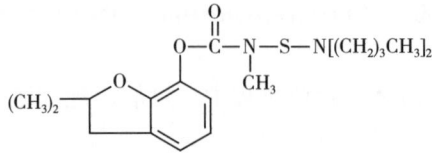

【别　　名】

好年冬、稻拌威、好安威、拌得乐、安棉特。

【理化性质】

褐色黏稠液体，蒸气压 3.58×10^{-5} Pa（25℃），溶解性（25℃）：水中 3 mg/L，与丙酮、二氯甲烷、乙醇、二甲苯互溶。在水介质中易水解，在纯水中的 DT_{50}：0.2 h（pH 5），11.4 h（pH 7）。

【毒　　性】

中等毒。大鼠急性经口 LD_{50} 为 250 mg/kg（雄）、185 mg/kg（雌），大鼠急性经皮 $LD_{50}>2\,000$ mg/kg，大鼠急性吸入 LC_{50}（1 h）为 1.35 mg/L（雄）、0.61 mg/L（雌），大鼠和小鼠两年饲喂试验无作用剂量为 20 mg/kg。在试验条件下，未见致畸、致癌、致突变作用。雉、野鸭、鹌鹑的急性经口 LD_{50} 分别为 26 mg/kg、8.1 mg/kg、23 mg/kg。对鱼毒性 LC_{50}（96 h）：蓝鳃0.015 mg/L，鳟 0.042 mg/L。

【防治对象】

本品具有触杀、胃毒和内吸作用，杀虫谱广，持效期长，是剧毒农药克百威（禁止使用，过渡期至 2026 年 6 月 1 日）较理想的替代品种之一，在昆虫体内代谢为有毒的克百威起杀虫作用，其杀虫机制是抑制乙酰胆碱酯酶活性，干扰昆虫神经系统。能防治柑橘、马铃薯、水稻等作物的蚜虫、螨、金针虫、马铃薯甲虫、果树卷叶蛾、苹果瘿蚊、苹果蠹蛾、梨小食心虫和介壳虫等。作土壤处理，可防治地下害虫。

【使用方法】

防治稻飞虱，在低龄若虫盛发期施药，每亩使用20％丁硫克百威乳油150～200 mL，对水均匀喷雾处理。

【对天敌和有益生物影响】

丁硫克百威对黑肩绿盲蝽等捕食性天敌有一定杀伤力。

【注意事项】

（1）不能与酸性或强碱性物质混用，但可与中性物质混用。可与多种杀虫剂（如吡虫啉）、杀菌剂混配，以提高杀虫效果和扩大应用范围。在稻田施用时，不能与敌稗、灭草灵等除草剂同时使用。

（2）喷洒时力求均匀周到，尤其是主靶标。同时，防止从口鼻等吸入，操作完后必须洗手、更衣。因操作不当引起中毒事故，应送医院急救，可用阿托品解毒。

（3）对水稻三化螟和稻纵卷叶螟防治效果不好，不宜使用。

（4）对鱼类高毒，养鱼稻田不可使用，防止施药田水流入鱼塘。

（5）禁止在蔬菜、瓜果、茶叶、菌类和中草药材作物上使用。

【主要制剂和生产企业】

20％、5％乳油，35％干粉剂，10％、5％颗粒剂。

湖南海利化工股份有限公司、江苏省苏州富美实植物保护剂有限公司、浙江天一生物科技有限公司、美国富美实公司等。

2. 异丙威（isoprocarb）

【别　　名】

灭扑散、叶蝉散。

【理化性质】

纯品为白色结晶粉末，熔点 96～97℃，蒸气压 $2.8×10^{-3}$ Pa（20℃），相对密度 0.62。易溶于丙酮、二甲基甲酰胺、二甲基亚砜、环己烷，可溶于甲醇、乙醇、异丙醇，难溶于芳烃，不溶于卤代烃和水。

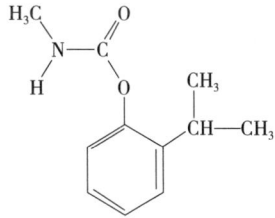

【毒　　性】

中等毒。大鼠急性经口 LD_{50} 为 403～485 mg/kg，大鼠急性经皮 LD_{50}＞500 mg/kg，大鼠急性吸入 LD_{50}＞0.4 mg/kg。对兔眼睛和皮肤刺激性极小，试验动物无明显蓄积性，在试验剂量内未发现致突变、致畸、致癌作用。对蜜蜂有害。

【防治对象】

本品为触杀性、速效性杀虫剂，具有胃毒、触杀和熏蒸作用，对昆虫的作用是抑制乙酰胆碱酯酶活性，致使昆虫麻痹死亡。对稻飞虱、叶蝉科害虫有特效，击倒力强，药效迅速，但残效期短，一般只有 3～5 d，可兼治蓟马和蚜螨。也可用于防治果树、蔬菜、粮食、烟草、观赏植物上的蚜虫。

【使用方法】

防治稻飞虱，在若虫发生高峰期，每亩使用 20％异丙威乳油 150～200 mL，对水均匀喷雾处理。

【对天敌和有益生物影响】

异丙威对水稻田拟水狼蛛、黑肩绿盲蝽、稻虱缨小蜂有一定杀伤作用，对稻螟赤眼蜂成蜂羽化有不利影响。对蜜蜂有毒，对甲壳纲以外的鱼类低毒。

【注意事项】

（1）本品对薯类作物有药害，不宜在该类作物上使用。

（2）施用本品后 10 d 不可使用敌稗。

【主要制剂和生产企业】

20％乳油，15％、10％烟剂，10％、4％、2％粉剂。

湖南海利化工股份有限公司、江苏常隆农化有限公司、山东华阳农药化工集团有限公司、湖南国发精细化工科技有限公司、江西省海利贵溪新材料科技有限公司等。

3. 速灭威（metolcarb）

【理化性质】

纯品是白色晶体，熔点 76～77℃，30℃时在水中溶解度为 2.6 g/L，易溶于乙醇、丙酮、氯仿，微溶于苯、甲苯。遇碱分解，受热时也有少量分解，120℃时 24 h 分解 4％以上。

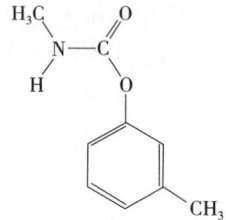

【毒　　性】

中等毒。大鼠急性毒性 LD_{50} 为 580 mg/kg，大鼠急性经皮 LD_{50} 为 6 000 mg/kg，大鼠急性吸入 LC_{50} 为 0.48 g/L。对大鼠无作用剂量为每天 15 mg/kg。无慢性毒性，在试验条件下，未见致癌、致畸、致突变作用。对蜜蜂有毒。

【防治对象】

本品具有良好的触杀和熏蒸作用，击倒力强，持效期 3～4 d，对水稻害虫有速效性防治效果。主要用于防治稻飞虱、稻叶蝉、蓟马及椿象等，对稻纵卷叶螟、柑橘锈壁虱、棉红铃虫、蚜虫等也有一定防效。

【使用方法】

防治稻飞虱，每亩使用 25％速灭威可湿性粉剂 125～200 g，对水均匀喷雾处理。

【对天敌和有益生物影响】

速灭威对水稻田黑肩绿盲蝽、拟水狼蛛等天敌杀伤作用较大。对鱼有毒，对蜜蜂高毒。

【主要制剂和生产企业】

20％乳油，25％可湿性粉剂。

湖南国发精细化工科技有限公司、山东华阳农药化工集团有限公司、湖南海利化工股份有限公司、江苏常隆农化有限公司、浙江泰达作物科技有限公司、上海东风农药厂有限公司等。

4. 仲丁威（fenobucarb）

【别　　名】

扑杀威、速丁威、丁苯威、巴沙。

【理化性质】

本品为无色结晶，有芳香味，相对密度 1.050，

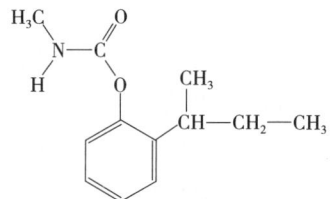

熔气 32℃，蒸气压 0.532 Pa（25℃）。溶解度（g/L，20℃）：水＜0.01、丙酮 2
000、甲醇 1 000、苯 1 000。在碱性和强酸性介质中不稳定，在弱酸性介质中稳定。
受热易分解。

【毒　　性】

低毒。大鼠急性经口 LD_{50} 为 623.4 mg/kg，大鼠急性经皮 LD_{50}＞500 mg/kg，大
鼠急性吸入 LC_{50}＞0.366 mg/L。对兔皮肤和眼睛有很小的刺激性。在试验条件下，
致突变作用为阴性，对大鼠未见繁殖毒性和致癌作用（100 mg/L 以下）。对兔未见致
畸作用[3 mg/（kg·d）]。两年慢性饲喂试验，大鼠无作用剂量为 5 mg/（kg·d），狗
为 11～12 mg/（kg·d）。鸡未见迟发性神经毒性。鲤鱼 TLm（48 h）为 12.6 mg/L。

【防治对象】

具有较强的触杀作用，兼有胃毒、熏蒸、杀卵作用。主要通过抑制昆虫乙酰
胆碱酯酶使害虫中毒死亡，杀虫迅速，但持效期短，一般只能维持 4～5 d。对飞
虱、叶蝉有特效，对蚊、蝇幼虫也有一定防效。

【使用方法】

防治稻飞虱，在发生初盛期，每亩使用 20％仲丁威乳油 150～180 mL，对
水均匀喷雾处理。

【注意事项】

（1）不得与碱性农药混合使用。

（2）在稻田施药后的前后 10 d，避免使用敌稗，以免发生药害。

（3）中毒后解毒药为阿托品，严禁使用解磷定和吗啡。

【主要制剂和生产企业】

80％、50％、25％、20％乳油，20％水乳剂。

湖南海利化工股份有限公司、山东华阳农药化工集团有限公司、江苏剑牌农
化股份有限公司、湖南国发精细化工科技有限公司等。

5. 混灭威（dimethacarb）

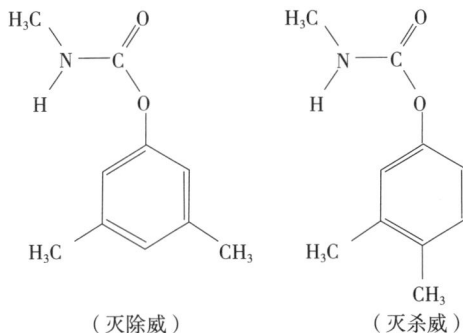

（灭除威）　　　　　　　　（灭杀威）

【理化性质】

由灭除威和灭杀威两种同分异构体混合而成的氨基甲酸酯类杀虫剂。原药为淡黄色至红棕色油状液体，微臭，熔点 25℃，相对密度 1.129，蒸气压 1.92×10^{-2} Pa（25℃），温度低于 10℃时，有结晶析出，不溶于水，微溶于汽油、石油醚，易溶于甲醇、乙醇、丙酮、苯和甲苯等有机溶剂，遇碱易分解。

【毒　　性】

中等毒。大鼠急性经口 LD_{50} 441～1 050 mg/kg（雄）、295～626 mg/kg（雌），小鼠急性经皮 $LD_{50} > 400$ mg/kg。对鱼类毒性小，红鲤鱼 TLm（48 h）为 30.2 mg/kg。对天敌、蜜蜂高毒。

【防治对象】

本品具有触杀、胃毒、熏蒸作用，对飞虱、叶蝉有特效，击倒作用快，一般施药后 1 h 左右，大部分害虫跌落水中。但持效期短，只有 2～3 d。其药效不受温度影响，低温下仍有很好防效。可用于防治叶蝉、飞虱、蓟马等。

【使用方法】

防治稻飞虱，通常在水稻分蘖期到圆秆拔节期，平均每丛稻有虫 1 头以上或每平方米有虫 60 头以上；在孕穗期、抽穗期，每丛有虫 5 头以上，或每平方米有虫 300 头以上；在灌浆乳熟期，每丛有虫 10 头以上，或每平方米有虫 600 头以上；在蜡熟期，每丛有虫 15 头以上，或每平方米有虫 900 头以上。每亩使用 50％混灭威乳油 50～100 g，对水 60～70 kg 均匀喷雾。

【注意事项】

（1）不可与碱性农药混用。

（2）对蜜蜂毒性大，花期禁用。

（3）烟草、玉米、高粱、大豆敏感，严格控制用药量，尤其是烟草，一般不宜用。

【主要制剂和生产企业】

50％乳油。

江苏常隆农化有限公司、江西众和化工有限公司、安道麦辉丰（江苏）有限公司等。

二、有机磷类

敌敌畏（dichlorvos）

【别　　名】

DDVP、二氯松。

【理化性质】

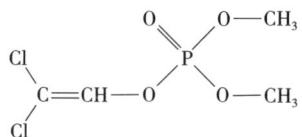

纯品为无色液体，具有芳香味，工业品带微黄色，相对密度 1.415，沸点 140℃（2.7 kPa），蒸气压 1.6 Pa（20℃）。能溶于苯、二甲苯等大多数有机溶剂，不溶于石油醚、煤油，在水中溶解度 0.6%～1%。原药热稳定性较好，长期存放不分解，但易水解。对铁、钢有腐蚀性，对不锈钢、铝、镍耐腐蚀。

【毒　性】

中等毒。大鼠急性经口 LD_{50} 为 50～110 mg/kg，大鼠急性经皮 LD_{50} 75～107 mg/kg，大鼠急性吸入 LC_{50} 为 14.8 mg/L。雄大鼠 90 d 饲喂试验的无作用剂量为 1 mg/kg。对鱼毒性大，鲤鱼 LC_{50} 为 4 mg/L（36h）、蓝鳃鱼 LC_{50} 为 1 mg/L（24 h）。对瓢虫、食蚜虻等天敌有较大杀伤力。对蜜蜂有毒。

【防治对象】

本品为高效、广谱有机磷类杀虫剂，具有胃毒、触杀和强烈的熏蒸作用，由于蒸气压较高，对咀嚼式口器和刺吸式口器害虫具有很强的击倒力。施用后易分解、持效期短、无残留。适用于防治水稻、棉花、果树、蔬菜、甘蔗、烟草、茶、桑等作物上的稻飞虱、黑尾叶蝉、黏虫、蚜虫、红蜘蛛、食心虫、梨星毛虫、桑蟥、桑粉虱、桑尺蠖、茶蚕、茶毛虫、马尾松毛虫、柳青蛾、黄条跳甲、大造桥虫、斜纹夜蛾等多种害虫。

【使用方法】

防治稻飞虱，在低龄若虫盛发期，每亩使用 48% 敌敌畏乳油 58.3～62.5 mL，对水均匀喷雾处理。

【注意事项】

（1）对高粱、月季花等易产生药害，不宜使用。对玉米、豆类、瓜类幼苗及柳树也较敏感，稀释不能低于 800 倍液，最好应先进行试验再使用。蔬菜收获前 7 d 停止用药。小麦上喷雾使用，亩使用量不超过 40 g 有效成分，否则可能产生药害。

（2）本品水溶液分解快，应随配随用。不可与碱性药剂混用，以免分解失效。药剂应存放在儿童接触不到的地方。

（3）本品对人、畜毒性大，挥发性强，施药时注意不要污染皮肤。中午高温时不宜施药，以防中毒。

【主要制剂和生产企业】

90%、50%、48% 乳油。

广西田园生化股份有限公司、江苏省南通江山农药化工股份有限公司、深圳诺普信作物科学股份有限公司、天津市华宇农药有限公司、天津市施普乐农药技术发展有限公司等。

三、拟除虫菊酯类

醚菊酯（etofenprox）

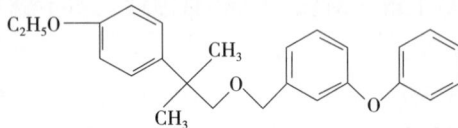

【别　　名】

多来宝。

【理化性质】

纯品为白色结晶粉末，熔点 36.4～38.0℃，相对密度 1.157，沸点 200℃（24 Pa），蒸气压 8.0×10^{-3} Pa（25℃）。溶解度（g/L，25℃）：水 0.001、氯仿 858、丙酮 908、醋酸乙酯 875、乙醇 150、甲醇 76.6、二甲苯 84.8。稳定性：在酸、碱性介质中稳定，在 80℃时可稳定 90 d 以上，对光稳定。

【毒　　性】

低毒。大鼠急性经口 $LD_{50}>4\,000$ mg/kg，大鼠急性经皮 $LD_{50}>1\,072$ mg/kg（雄），$LD_{50}>2\,140$ mg/kg（雌），大鼠急性吸入 $LC_{50}>5.9$ mg/L（4 h）。对皮肤、眼睛无刺激作用。2 年饲喂试验无作用剂量为：大鼠 3.7～4.8 mg/kg，小鼠 3.1～3.6 mg/kg。在试验条件下，未发现致畸、致癌、致突变作用。鲤鱼 LC_{50} 为 5 mg/L（48 h），野鸭急性经口 $LD_{50}>2\,000$ mg/kg，对蜜蜂、家蚕有毒。

【防治对象】

本品具有杀虫谱广、杀虫活性高、击倒速度快、持效期长、对作物安全等特点。具有触杀、胃毒和内吸作用。用于防治鳞翅目、半翅目、鞘翅目、双翅目、直翅目和等翅目害虫，如白背飞虱、甜菜夜蛾、小菜蛾、菜青虫、茶毛虫、茶尺蠖、茶刺蛾、梨小食心虫、柑橘潜叶蛾、烟草夜蛾、玉米螟、大豆食心虫等。对螨无效。

【防治对象】

防治水稻白背飞虱，在低龄若虫盛发初期施药，每亩使用 10％醚菊酯悬浮剂 80～100 mL，对水均匀喷雾。

【对天敌和有益生物影响】

醚菊酯对狼蛛、微蛛等天敌有一定的杀伤作用。对鱼类和鸟类低毒，对蜜蜂和蚕毒性较高。

【注意事项】

（1）不宜与强碱性农药混用。存放于阴凉干燥处。

（2）本品无内吸杀虫作用，施药应均匀周到。

（3）悬浮剂放置时间较长出现分层时，应先摇匀再使用。

【主要制剂和生产企业】

10％悬浮剂，20％乳油，4％油剂。

江苏百灵农化有限公司、浙江迪乐化学品有限公司、安道麦辉丰（江苏）有限公司、山西绿海农药科技有限公司、江苏七洲绿色化工股份有限公司等。

四、新烟碱类

1. 吡虫啉（imidacloprid）

【别　　名】

咪蚜胺、蚜虱净、扑虱蚜。

【理化性质】

纯品为白色或无色晶体，有微弱气味。熔点 143.8℃，相对密度 1.543，蒸气压 2.0×10^{-9} Pa（20℃）。溶解度（g/L，20℃）：水 0.51、二氯甲烷 50～100、异丙醇 1～2、甲苯 0.5～1、正己烷＜0.1。pH 5～11 环境中稳定。

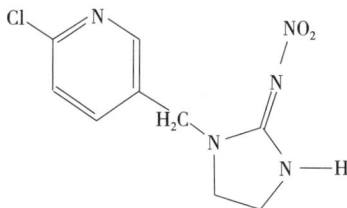

【毒　　性】

中等毒。大鼠急性经口 LD_{50} 为 450 mg/kg，大鼠急性经皮 $LD_{50} > 5\,000$ mg/kg，大鼠急性吸入 LC_{50}（4 h）$> 5\,223$ mg/m³（粉剂）。对兔眼睛和皮肤无刺激作用。在试验条件下，未见致突变、致畸和致敏性。对鱼低毒，虹鳟 LC_{50}（96 h）211 mg/L。对鸟类有毒，日本鹌鹑急性经口 LD_{50} 为 31 mg/kg，白喉鹌 LD_{50} 为 152 mg/kg。叶面喷洒时对蜜蜂有危害。在土壤中不移动，不会淋渗到深层土中。

【防治对象】

本品为内吸性新烟碱类杀虫剂，作用于烟碱乙酰胆碱受体，干扰害虫运动神经系统，使化学信号传递失灵。具有高效、杀虫谱广、低毒，对人、畜、植物和天敌安全等特点，并有触杀、胃毒和内吸多重药效。害虫接触药剂后，中枢神经正常传导受阻，使其麻痹死亡。药效和温度呈正相关，温度越高，杀虫效果越好。主要用于防治水稻、小麦、棉花、蔬菜等作物上的刺吸式口器害虫，如蚜虫、叶蝉、蓟马、白粉虱以及马铃薯甲虫和麦秆蝇等，也可有效防治土壤害虫、白蚁和一些咀嚼式口器害虫，如稻水象甲等。对线虫和红蜘蛛无活性。

【使用方法】

防治水稻白背飞虱，在低龄若虫高峰期，每亩使用 70％吡虫啉水分散粒剂

2～3 g，对水均匀喷雾处理。

【对天敌和有益生物影响】

吡虫啉对黑肩绿盲蝽、龟纹瓢虫具有一定的杀伤作用。

【注意事项】

（1）不可与强碱性物质混用，以免分解失效。

（2）对家蚕有毒，养蚕季节严防污染桑叶。

（3）在温度较低时，防治小麦蚜虫效果会受一定影响。

（4）水稻褐飞虱对吡虫啉已产生高水平抗药性，不宜用吡虫啉防治褐飞虱。

（5）部分地区烟粉虱对吡虫啉有抗药性，此类地区不宜再用于防治烟粉虱。

【主要制剂和生产企业】

70％水分散粒剂，70％湿拌种剂，60％种子处理悬浮剂，70％、50％、30％、25％、20％、12％、10％、7％可湿性粉剂，600 g/L、48％、35％、30％、10％悬浮剂，30％、10％、8％微乳剂，200 g/L、100 g/L 可溶液剂，20％、15％泡腾片剂，10％、5％、2.5％乳油。

江苏克胜集团股份有限公司、南京红太阳股份有限公司、安徽华星化工有限公司、拜耳作物科学（中国）有限公司等。

2. 烯啶虫胺（nitenpyram）

【理化性质】

纯品为浅黄色结晶体，熔点83～84℃，相对密度1.40，蒸气压 1.1×10^{-9} Pa（25℃）。溶解度（g/L，20℃）：水840、氯仿700、丙酮290、二甲苯4.5。

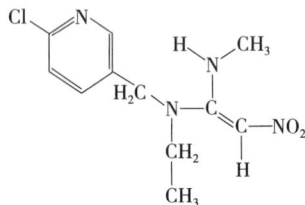

【毒　　性】

低毒。大鼠急性经口 LD_{50} 为 1 680 mg/kg（雄）、1 575 mg/kg（雌），大鼠急性经皮 $LD_{50} > 2\,000$ mg/kg，大鼠急性吸入 $LC_{50} > 5.8$ g/L。对兔皮肤无刺激性，对兔眼睛有轻微刺激。在试验条件下，未见致畸、致突变、致癌作用。对鸟类及水生动物均低毒，鹌鹑 LD_{50} 为 5 620 mg/kg，鲤鱼 $LC_{50} > 1\,000$ mg/L（96 h），水蚤 LC_{50} 为 10 000 mg/L（24 h）。

【防治对象】

本品为新烟碱类杀虫剂，主要作用于昆虫神经系统，对害虫的突触受体具有神经阻断作用，在自发放电后扩大隔膜位差，并最后使突触隔膜刺激下降，结果导致神经的轴突触隔膜电位通道刺激消失，致使害虫麻痹死亡。具有卓越的内吸和渗透作用，以及用量少，毒性低，持效期长，对作物安全无药害等优点，可广泛应用于水稻、小麦、棉花、黄瓜、茄子、萝卜、番茄、马铃薯、甜瓜、西瓜、桃、苹果、梨、柑橘、葡萄、茶上防治各种稻飞虱、蚜虫、蓟马、白粉虱、烟粉虱、叶蝉、蓟马等。

【使用方法】

防治稻飞虱，在低龄若虫高峰期施药，每亩使用 50％烯啶虫胺可溶粒剂 6～8 g，对水均匀喷雾，喷雾时重点喷水稻的中下部。

【主要制剂和生产企业】

50％可溶粒剂，60％可湿性粉剂，25％可溶粉剂。

江苏省南通江山农药化工股份有限公司、连云港立本作物科技有限公司、南京红太阳股份有限公司等。

3. 噻虫啉（thiacloprid）

【理化性质】

微黄色粉末，熔点 128～129℃，蒸气压 3×10^{-10} Pa（20℃），20℃ 时在水中的溶解度为 185 mg/L。土壤中半衰期为 1～3 周。

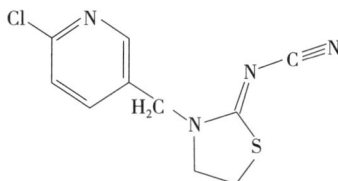

【毒　　性】

低毒。大鼠急性经口 LD_{50} 为 836 mg/kg（雄）、444 mg/kg（雌），大鼠急性吸入 LC_{50} 为 2.54 g/L（雄）、1.22 g/L（雌）。对兔眼睛和皮肤无刺激作用，对豚鼠皮肤无致敏性。在试验条件下，未见致畸、致癌、致突变作用。鹌鹑急性经口 LD_{50} 为 2 716 mg/kg，虹鳟鱼 LC_{50} 为 30.5 mg/L（96 h）。

【防治对象】

本品为新型氯代烟碱类杀虫剂，高效、杀虫谱广，具有较强的触杀、胃毒和内吸作用，对刺吸式和咀嚼式口器害虫有特效。主要作用于昆虫神经接合后膜，通过与烟碱乙酰胆碱受体结合，干扰昆虫神经系统正常传导，引起神经通道的阻塞，造成乙酰胆碱的大量积累，从而使昆虫异常兴奋，全身痉挛、麻痹而死。对水稻、棉花、蔬菜、马铃薯和梨果类水果上的重要害虫有优异的防效，除了对蚜虫和粉虱有效外，对各种甲虫（如马铃薯甲虫、苹果象甲、稻象甲）和鳞翅目害虫（如苹果树上潜叶蛾和苹果蠹蛾）也有效。

【使用方法】

防治稻飞虱，在低龄若虫高峰期施药，每亩使用 40％噻虫啉悬浮剂 12～16.8 mL，对水均匀喷雾处理。

【主要制剂和生产企业】

1％、2％微囊悬浮剂，40％、48％悬浮剂，50％水分散粒剂。

江苏中旗科技股份有限公司、江西天人生态股份有限公司、利民化学有限责任公司、陕西亿田丰作物科技有限公司、山东省联合农药工业有限公司等。

4. 噻虫嗪（thiamethoxam）

【别　　名】

阿克泰。

【理化性质】

白色结晶粉末。熔点 139.1℃，相对密度 1.57，蒸气压 $6.6×10^{-9}$ Pa（25℃）。溶解度（g/L，25℃）：水 4.1、丙酮 48、乙酸乙酯 7、甲醇 13、二氯甲烷 110、己烷 $>1×10^{-3}$、辛醇 0.62、甲苯 0.68。

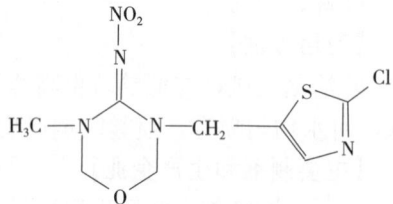

【毒　　性】

低毒。大鼠急性经口 LD_{50} 为 1 563 mg/kg，大鼠急性经皮 $LD_{50}>1 563$ mg/kg，大鼠急性吸入 LC_{50}（4 h）3.72 g/L。对眼睛和皮肤无刺激性。

【防治对象】

本品为第二代新烟碱类杀虫剂，其作用机理与吡虫啉相似，可选择性抑制昆虫中枢神经系统烟碱乙酰胆碱受体，进而阻断昆虫中枢神经系统的正常传导，造成害虫麻痹死亡。不仅具有触杀、胃毒、内吸活性，而且具有高效、安全、杀虫谱广及作用速度快、持效期长等特点。对鞘翅目、双翅目、鳞翅目，尤其是半翅目害虫有高活性，可有效防治各种蚜虫、叶蝉、飞虱、粉虱、金龟子幼虫、马铃薯甲虫、线虫、地面甲虫、潜叶蛾等害虫。

【使用方法】

防治水稻白背飞虱，在低龄若虫高峰期，每亩使用 25%噻虫嗪水分散粒剂 3.2～4.8 g，对水均匀喷雾处理。

【对天敌和有益生物影响】

噻虫嗪对捕食性天敌黑肩绿盲蝽影响较大，对寄生性天敌稻螟赤眼蜂、稻虱缨小蜂有一定杀伤力。

【注意事项】

（1）避免与强碱性物质混用，以免降低药效。

（2）在开花植物开花期，蚕室、赤眼蜂等天敌放飞区，桑园及水塘附近禁止使用，避免造成损失。

【主要制剂和生产企业】

25%水分散颗粒剂，30%悬浮剂。

先正达南通作物保护有限公司、山东省青岛奥迪斯生物科技有限公司、东莞市瑞德丰生物科技有限公司、陕西上格之路生物科学有限公司、山东省联合农药工业有限公司等。

5. 噻虫胺（clothianidin）

【理化性质】

纯品外观为白色结晶体，无嗅。熔点 176.8℃，蒸气压（20℃）$3.8×10^{-11}$ Pa。溶解度（g/L，25℃）：水 0.327，乙酸乙酯 2.03，正庚烷<0.001 04，二甲苯 0.012 8，二氯甲烷 1.32，辛醇 0.938，丙酮 15.2，甲醇 6.26。

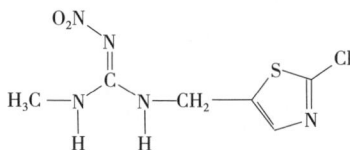

【毒　　性】

低毒。大鼠急性经口 $LD_{50}>5\ 000$ mg/kg，大鼠急性经皮 $LD_{50}>2\ 000$ mg/kg，大鼠急性吸入 LC_{50}（4 h）>6.14 g/L。对家兔眼睛和皮肤无刺激性，豚鼠皮肤致敏试验结果为无致敏性。大鼠 3 个月亚慢性喂养毒性试验结果显示最大无作用剂量：27.9 mg/（kg·d）（雄）、34.0 mg/（kg·d）（雌）。致突变试验：细菌回复突变（Ames）试验、小鼠骨髓细胞微核试验、大鼠肝细胞体内非程序 DNA 合成（UDS）试验均为阴性。对鱼中等毒，低风险性；对鸟中等毒，低风险性；对家蚕和蜜蜂剧毒，极高风险性。

【防治对象】

该药是创制开发的具噻唑环的第二代新烟碱类杀虫剂，具有触杀和胃毒作用，内吸性强、杀虫谱广、活性高。其作用机理和其他烟碱类化合物一样，作为乙酰胆碱酯酶受体抑制剂，作用于昆虫中枢神经系统。可用在水稻、蔬菜、果树及其他作物上防治蚜虫、叶蝉、蓟马、飞虱等半翅目、鞘翅目、双翅目和某些鳞翅目类害虫。

【使用方法】

防治稻飞虱，在低龄若虫高峰期施药，每亩使用 20％噻虫胺悬浮剂 30～50 mL，对水均匀喷雾，喷雾时重点喷水稻的中下部。

【注意事项】

（1）蜜源作物花期禁用，施药期间密切关注对附近蜂群的影响。

（2）禁止在河塘等水域中清洗施药器具，蚕室及桑园附近禁用。

【主要制剂和生产企业】

48％、30％、20％悬浮剂，50％水分散粒剂，0.5％颗粒剂。

江苏中旗科技股份有限公司、河北博嘉农业有限公司、陕西美邦药业集团股份有限公司、河北威远生物化工有限公司、陕西华戎凯威生物有限公司等。

6. 氯噻啉（imidaclothiz）

【理化性质】

原药外观为黄褐色粉状固体。熔点 146.8～147.8℃；溶解度（g/L，25℃）：水 5，乙腈 50，

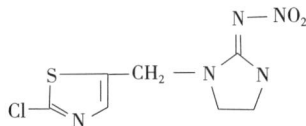

二氯甲烷 20～30，甲苯 0.6～1.5，二甲基亚砜 260。常温下贮存稳定。

【毒　　性】

低毒。大鼠急性经口 LD_{50} 为 1 620 mg/kg，大鼠急性经皮 LD_{50} >2 000 mg/kg。对皮肤和眼睛无刺激性，无致敏性。对鱼为低毒，斑马鱼 LC_{50}（48 h）72.16 mg/L。对鸟中等毒，鹌鹑 LD_{50}（7 d）28.87 mg/kg。对蜜蜂、家蚕为高毒，蜜蜂 LC_{50}（48 h）10.65 mg/L，家蚕 LC_{50}（2 龄）0.32 mg/L。

【防治对象】

本品为新烟碱类杀虫剂，具有很好的内吸、渗透作用，同时还具有低毒、高效、持效期长等特点，可用在水稻、小麦、棉花、蔬菜、果树、烟草等多种作物上防治蚜虫、叶蝉、飞虱、蓟马、粉虱，同时对鞘翅目、双翅目和鳞翅目害虫也有效。

【使用方法】

防治稻飞虱，在低龄若虫高峰期施药，每亩使用 40%氯噻啉水分散粒剂 4～5 g，对水均匀喷雾处理。

【注意事项】

（1）在周围蜜源作物花期，蚕室及桑园附近禁用；远离水产养殖区施药，禁止在河塘等水域内清洗施药器具。

（2）建议与不同作用机制的杀虫剂轮换使用。

【主要制剂和生产企业】

10%可湿性粉剂，40%水分散粒剂，95%原药。

江苏省南通江山农药化工股份有限公司和江苏省南通南沈植保科技开发有限公司。

7. 呋虫胺（dinotefuran）

【别　　名】

呋啶胺、护瑞。

【理化性质】

纯品为白色结晶，无刺激性异味。熔点 104～106℃，相对密度 1.33，蒸气压 $<1.7 \times 10^{-6}$ Pa。溶解度（g/L，20℃）：水 39.83、正己烷 9.0×10^{-6}、二甲苯 73×10^{-3}、甲醇 57。

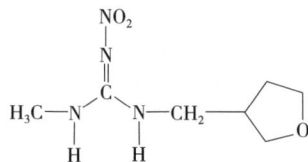

【毒　　性】

低毒。大鼠急性经口 LD_{50} >2 000 mg/kg，大鼠急性经皮 LD_{50} >5 000 mg/kg。其对皮肤有轻微刺激。在试验条件下，未见致畸、致癌、致突变作用。对鸟类毒性很低，鹌鹑急性经口 LD_{50} >1 000 mg/kg。对鱼毒性低，鲤鱼 Tlm（48 h）>1 000 mg/L。对蜜蜂和蚕高毒。

【防治对象】

本品为日本三井化学公司开发的第三代新烟碱类杀虫剂。其与现有的新烟碱类杀虫剂的化学结构可谓大相径庭，它以四氢呋喃基取代了以前的氯代吡啶基、氯代噻唑基，且不含卤族元素。具有触杀、胃毒作用，内吸性强、用量少、速效好、活性高、持效期长，相比第一、二代杀虫剂，杀虫谱更广。主要作用于昆虫神经结合部后膜，通过与乙酰胆碱受体结合使昆虫异常兴奋，全身痉挛、麻痹而死。可用在水稻、小麦、棉花、蔬菜、果树、花卉上防治半翅目、双翅目和鞘翅目害虫，如稻飞虱、潜叶蝇、蓟马、蚜虫、跳甲、粉蚧等。

【使用方法】

防治稻飞虱，在低龄若虫高峰期施药，每亩使用 20％呋虫胺可溶粒剂 30～40 g，对水均匀喷雾。

【注意事项】

（1）本品对蜜蜂和虾等水生生物有毒。施药期间应避免对周围蜂群的影响，开花植物花期及花期前 7d 禁用。远离水产养殖区、河塘等水体施药，禁止在河塘等水体中清洗施药器具。

（2）本品对家蚕有毒，蚕室和桑园附近禁用，赤眼蜂等天敌放飞区禁用，虾蟹套养稻田禁用，施药后的田水不得直接排入水体。

（3）本品不可与其他烟碱类杀虫剂混合使用。

【主要制剂和生产企业】

30％、20％悬浮剂，20％可溶粒剂，70％、50％水分散粒剂。

河北威远生物化工有限公司、山东省联合农药工业有限公司、陕西美邦药业集团股份有限公司、江苏剑牌农化股份有限公司、江西众和化工有限公司、海利尔药业集团股份有限公司等。

8. 氟啶虫胺腈（sulfoxaflor）

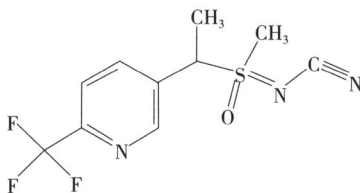

【别　　名】

特福力、可立施。

【理化性质】

相对密度 1.537 8，熔点 112.9℃，蒸气压 $1.4×10^{-6}$ Pa（20℃）。水中溶解度（20℃）：1 380 mg/L（pH 5）、570 mg/L（pH 7）、550 mg/L（pH 9）。有

机溶剂中溶解度（g/L，20℃）：甲醇 93.1、丙酮 217、对二甲苯 0.743、1，2-二氯乙烷 39、乙酸乙酯 95.2、正庚烷 0.000 242、正辛醇 1.66。

【毒　　性】

低毒。大鼠急性经口 LD_{50} 为 1 405 mg/kg（雄）、1 000 mg/kg（雌），大鼠急性经皮 LD_{50} ＞5 000 mg/kg。对鸟和鱼、虾等水生生物低毒，但对蜜蜂有毒。

【防治对象】

本品为磺酰亚胺类杀虫剂，作用于昆虫的神经系统，通过激活烟碱型乙酰胆碱受体内独特的结合位点而发挥其杀虫功能。具有高效、杀虫谱广、安全、快速、持效期长等特点，可经叶、茎、根吸收而进入植物体内，且与其他化学类别的杀虫剂无交互抗性，被杀虫剂抗性行动委员会认定为唯一的 Group 4C 类全新有效成分。用于水稻、棉花、大豆、果树、蔬菜和观赏植物上防治稻飞虱、蚜虫、粉虱和介壳虫等刺吸式害虫。

【使用方法】

防治稻飞虱，在低龄若虫高峰期施药，每亩使用 22％氟啶虫胺腈悬浮剂 15～20 mL，对水均匀喷雾处理。

【注意事项】

（1）本品对蜜蜂、家蚕等有毒。施药期间应避免影响周围蜂群，禁止在蜜源植物花期，蚕室和桑园附近使用。赤眼蜂等天敌放飞区域禁用。

（2）本品在水稻作物上使用的安全间隔期为 14 d，每个作物周期最多使用一次。

【主要制剂和生产企业】

22％悬浮剂，50％水分散粒剂。

科迪华农业科技有限责任公司。

五、介离子型

1. 三氟苯嘧啶（triflumezopyrim）

【理化性质】

纯品为黄色固体，无特殊气味，熔点 189.4℃。溶解度（g/L，20℃）：水 0.23、甲醇 7.65、正己烷 0.002。

【毒　　性】

微毒。大鼠急性经口 LD_{50} ＞5 000 mg/kg，大鼠急性经皮 LD_{50} ＞5 000 mg/kg。对大多数非靶标生物（如蜜蜂、鸟类和鱼类）安全。在田间条件下，主要保留在浅表土层中，其在土壤中的生物积累或生物放大风险很低。

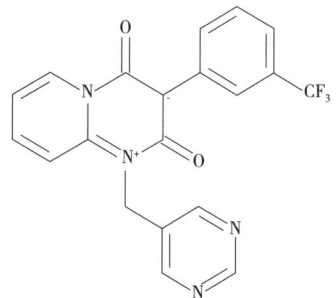

【防治对象】

本品是新型介离子型杀虫剂，具有良好的内吸传导特性，持效期长，见效快，可用于防治某些由稻飞虱传播的水稻病毒病。由于其对天敌相对安全，在水稻生长前期使用可以有效保护蜘蛛等天敌，从而减少后期其他药剂的使用。本品对稻飞虱防治有特效。

【使用方法】

防治稻飞虱，在低龄若虫高峰期施药，每亩使用 10% 三氟苯嘧啶悬浮剂 16 mL，使用足够水量 20～30 L，对作物茎叶均匀喷雾。

【注意事项】

为延缓害虫抗性发生，针对连续世代的害虫请勿使用相同产品或具有相同作用机理的产品。在害虫发生初期使用本品一次，然后使用具有不同作用机理的其他产品。

【主要制剂和生产企业】

10% 悬浮剂。

科迪华农业科技有限责任公司。

2. 氯虫噻唑鎓

【理化性质】

纯品为浅黄色固体粉末，中等焦臭味，熔点 262℃。溶解度（g/L，20℃）：水<0.025，正庚烷、对二甲苯、1,2-二氯乙烷、甲醇、丙酮和乙酸乙酯均<10。

【毒　　性】

低毒。大鼠急性经口 $500 < LD_{50} < 2\,000$ mg/kg，大鼠急性经皮 $LD_{50} > 2\,000$ mg/kg，对白兔眼睛和皮肤无刺激性，对豚鼠皮肤无致敏性。对非靶标生物（如蜜蜂、鸟类和鱼类等）安全。

【防治对象】

本品为新型介离子型杀虫剂，具有良好的内吸传导特性，持效期长，见效快，可用于防治某些由稻飞虱传播的水稻病毒病。由于其对天敌相对安全，在水稻生长前期使用可以有效保护蜘蛛等天敌，从而减少后期其他药剂的使用。本品对稻飞虱防治有特效。

【使用方法】

防治稻飞虱，在低龄若虫高峰期施药，每亩使用 200 g/L 氯虫噻唑鎓悬浮剂 8～12 mL，使用足够水量 20～30 L，对作物茎叶均匀喷雾。

【注意事项】

为延缓害虫抗性发生，针对连续世代的害虫请勿使用相同产品或具有相同作用机理的产品。在害虫发生初期使用本品一次，然后使用具有不同作用机理的其他产品。

【主要制剂和生产企业】

200 g/L悬浮剂。

巴斯夫欧洲公司。

3. 异唑虫嘧啶

【理化性质】

纯品为黄色固体，无特殊气味，熔点261.2℃。溶解
度（g/L，20℃）：水0.043、甲醇0.86、丙酮1.48。

【毒　　性】

微毒。大鼠急性经口LD_{50}＞5 000 mg/kg，大鼠急性经皮LD_{50}＞5 000 mg/kg。
对大多数非靶标生物，如蜜蜂、鸟类、鱼类、大型溞类低毒。

【防治对象】

该药为新型介离子型杀虫剂，由贵州大学宋宝安院士团队创制，对稻飞虱防
治有特效。具有良好的内吸传导特性，持效期长，见效快。由于其对天敌安全，
在水稻生长期间使用可以有效保护蜘蛛等天敌，从而减少后期其他药剂的使用。

【使用方法】

防治稻飞虱，在低龄若虫高峰期施药，每亩使用20％异唑虫嘧啶10～
15 mL，对作物茎叶均匀喷雾。

【注意事项】

为延缓害虫抗性发生，针对连续世代的害虫请勿使用相同产品或具有相同作
用机理的产品。在害虫发生初期使用本品一次，然后使用具有不同作用机理的其
他产品。

【主要制剂和生产企业】

20％悬浮剂。

广西田园生化股份有限公司。

六、三嗪酮类

吡蚜酮（pymetrozine）

【别　　名】

吡嗪酮、飞电。

【理化性质】

纯品为白色结晶粉末。熔点217℃，蒸气压（25℃）＜$4×10^6$ Pa。溶解度
（g/L，20℃）：水0.27，乙醇2.25，已烷＜0.001，甲苯0.034，二氯甲烷
1.2，正辛醇0.45，丙醇0.94，乙酸乙酯0.26。对光、热稳定，弱酸弱碱条

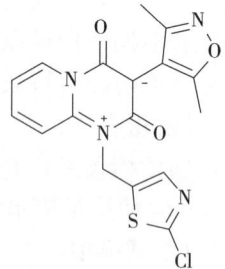

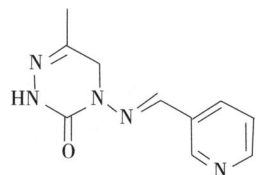

件下稳定。

【毒　　性】

低毒。大鼠急性经口 LD_{50} 为 5 820 mg/kg，大鼠急性经皮 LD_{50} ＞2 000 mg/kg。对大多数非靶标生物（如蜜蜂、鸟类和鱼类）安全。在环境中可迅速降解，在土壤中的半衰期仅为 2～29 d，且其主要代谢产物在土壤淋溶性很低，使用后仅停留在浅表土层中，在正常使用情况下，对地下水没有污染。

【防治对象】

属于吡啶类或三嗪酮类杀虫剂。害虫一旦接触该药剂，立即停止取食，产生"口针穿刺阻塞"效果，且该过程为不可逆的物理作用。通过触杀、胃毒、体内传导三种方式都会立即产生"口针阻塞作用"，丧失对植物的为害能力，并最终饥饿致死。吡蚜酮在植物体内具有内吸传导性，穿过植物的薄壁组织进入植物体内，植物韧皮部和木质部内进行向顶端和向根的双向传导。由于其良好的输导特性，在茎叶喷雾后新长出的枝叶也可以得到有效保护。适用于水稻、棉花、蔬菜、果树及多种大田作物上防治大部分半翅目害虫，尤其是蚜总科、粉虱科、叶蝉科及飞虱科害虫。

【使用方法】

防治稻飞虱，在低龄若虫始盛期，每亩使用 25％吡蚜酮悬浮剂 24～40 g，对水均匀喷雾处理。

【注意事项】

（1）防治水稻褐飞虱，施药时田间应保持 3～4 cm 水层，施药后保水 3～5 d。喷雾时要均匀周到，将药液喷到目标害虫的为害部位。

（2）开花植物花期慎用，蚕室及桑园附近慎用，远离水产养殖区施药，禁止在河塘等水体中清洗施药器具，赤眼蜂等天敌放飞区域禁用。

（3）不能与碱性农药混用。

【主要制剂和生产企业】

50％、25％可湿性粉剂，25％悬浮剂，75％、50％水分散粒剂。

安道麦安邦（江苏）有限公司、江苏克胜集团股份有限公司、陕西上格之路生物科学有限公司、广西田园生化股份有限公司、上海升联化工有限公司等。

七、几丁质合成抑制剂

噻嗪酮（buprofezin）

【别　　名】

扑虱灵、优乐得、稻虱净。

【理化性质】

纯品为白色结晶，工业品为白色至浅黄色晶状粉末。熔点 $104.5 \sim 105.5℃$，蒸气压 1.25×10^{-3} Pa（25℃），相对密度1.18。溶解度（g/L，25℃）：氯仿520、苯370、甲苯320、丙酮240、乙醇80、己烷20，难溶于水。对酸、碱、光、热稳定。

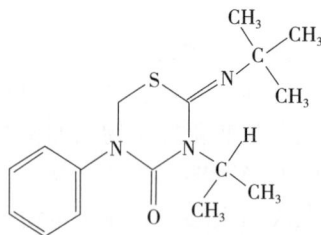

【毒　　性】

低毒。大鼠急性经口 LD_{50} 为 2 198 mg/kg（雄）、2 355 mg/kg（雌），大鼠急性经皮 $LD_{50} > 5\ 000$ mg/kg，大鼠急性吸入 $LC_{50} > 4.57$ mg/L。对眼睛、皮肤的刺激轻微。大鼠2年喂养试验无作用剂量为每天 $0.9 \sim 1.12$ mg/kg。Ames试验结果阴性。在试验条件下，未发现致畸、致癌、致突变现象。对鱼类、鸟类毒性低，鹌鹑 $LD_{50} > 15\ 000$ mg/kg，鲤鱼 LC_{50} 为2.7 mg/L，水蚤 $LC_{50} > 50.6$ mg/L。对家蚕和天敌安全。

【防治对象】

本品为抑制昆虫生长发育的杀虫剂，触杀作用强，也有胃毒作用。作用机制为抑制昆虫几丁质合成和干扰新陈代谢，致使若虫蜕皮后畸形或成虫翅畸形而缓慢死亡。一般施药后3～7 d才能显效，对成虫没有直接杀伤力，但可缩短寿命，减少产卵量，并阻碍卵孵化和缩短其寿命。该药剂选择性强，对半翅目的飞虱、叶蝉、粉虱及介壳虫类害虫有良好防效，对某些鞘翅目害虫和害螨也具有持久的杀幼虫活性。有效防治水稻上的飞虱和叶蝉，还可防治茶、马铃薯、柑橘、蔬菜上的叶蝉、粉虱、盾蚧和粉蚧等。

【使用方法】

防治水稻白背飞虱，在低龄若虫始盛期，每亩使用25%噻嗪酮可湿性粉剂30～50 g，对水均匀喷雾，重点喷植株中下部。

【注意事项】

（1）该药剂作用速度缓慢，用药3～5 d后若虫才大量死亡，所以必须在低龄若虫为主时施药。如需兼治其他害虫，亦可与其他药剂混配使用。

（2）本品是昆虫蜕皮抑制剂类农药的杀虫剂，建议与其他作用机制不同的杀虫剂轮换使用。

（3）禁止在河塘等水体中清洗施药器具，避免污染水源。开花植物花期禁用，蚕室和桑园附近禁用。

（4）水稻褐飞虱对该药已产生高水平抗药性，不宜用于防治褐飞虱。

【主要制剂和生产企业】

65%、25%、20%可湿性粉剂，25%悬浮剂，8%展膜油剂。

安道麦安邦（江苏）有限公司、深圳诺普信作物科学股份有限公司、江苏龙灯化学有限公司、湖北蕲农化工有限公司、江苏快达农化股份有限公司、江苏东宝农化股份有限公司、镇江建苏农药化工有限公司、日本农药株式会社等。

八、弦音器烟酰胺酶抑制剂

氟啶虫酰胺（flonicamid）

【理化性质】

纯品外观为淡黄色固体结晶性粉末，熔点157.5℃，蒸气压（20℃）$2.55×10^{-6}$ Pa，溶解度（g/L，20℃）：水 5.2、丙酮 157.1、甲醇 89.0，对热稳定。

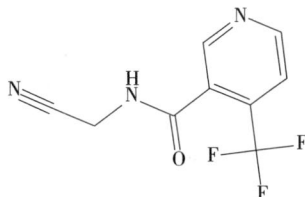

【毒　　性】

低毒。雄大鼠急性经口 LD_{50} 为 884 mg/kg，雌大鼠为 1 768 mg/kg。大鼠急性经皮 $LD_{50}>5\,000$ mg/kg。对兔皮肤和眼睛无刺激性，对豚鼠皮肤无致敏作用。雄、雌大鼠吸入 LC_{50}（4 h）>4.9 mg/L。Ames 试验、小鼠骨髓细胞微核试验等 4 项致突变试验结果均呈阴性，未见致突变作用；大鼠 2 年慢性和致癌试验结果未见致癌性。雄、雌鹌鹑急性经口 $LD_{50}>2\,000$ mg/kg，鹌鹑饲喂 $LC_{50}>5\,000$ mg/L。虹鳟和鲤鱼 LC_{50}（96 h）>100 mg/L。水蚤 EC_{50}（48 h）>100 mg/L。藻类 ErC_{50}（96 h）>100 mg/L。蜜蜂经口 $LD_{50}>60.5$ μg/蜂，接触 $LD_{50}>100$ μg/蜂。

【防治对象】

氟啶虫酰胺是一种新型低毒吡啶酰胺类昆虫生长调节剂类杀虫剂，除具有内吸、触杀、胃毒作用外，还具有很好的神经抑制和快速拒食作用，能够被植物幼嫩组织吸收传导，可用于控制多种害虫，包括蚜虫、飞虱、叶螨等。主要作用于虫体的神经胞外分切酶，干扰神经递质的正常传导，最终导致害虫麻痹而死亡。

【使用方法】

防治稻飞虱，在低龄若虫始盛期，每亩使用50%氟啶虫酰胺水分散粒剂 8～10 g，对水均匀喷雾，重点喷植株中下部。

【注意事项】

（1）本品对眼睛有刺激性，使用时须戴好护目镜，使用过程中避免药液溅入眼中。

（2）对水生生物有毒，鱼或虾蟹套养稻田禁用，施药后的田水不得直接排入水体。要远离水产养殖区、河塘等水域施药，禁止在河塘等水体中清洗施药器具，药液及其废液不得污染各类水域、土壤等环境。蚕室及桑园附近以及赤眼蜂等天敌放飞区禁用。

（3）由于该药剂为昆虫拒食剂，因此施药后 2～3 d 肉眼才能看见蚜虫死亡，注意不要重复用药。

（4）建议与其他作用机制不同的杀虫剂轮换使用，以延缓抗性产生。

【主要制剂和生产企业】

20％悬浮剂，50％水分散粒剂，30％、8％可分散油悬浮剂。

河北兴柏康伟科技有限公司、江苏省盐城双宁农化有限公司、陕西上格之路生物科学有限公司、湖南新长山农业发展股份有限公司、江苏中旗科技股份有限公司等。

参 考 文 献

倪珏萍，马亚芳，施娟娟，等，2015. 杀虫剂呋虫胺的杀虫活性和应用技术研发. 世界农药，37（1）：41-44.

邵振润，张帅，高希武，2014. 杀虫剂科学使用指南. 北京：中国农业出版社.

王胜得，曾文平，段湘生，等，2007. 高效杀虫剂吡蚜酮的合成研究及应用. 农药研究与应用，11（6）：23-24.

英君伍，雷光月，宋玉泉，等，2017. 三氟苯嘧啶的合成与杀虫活性研究. 现代农药，16（2）：14-17.

于福强，黄耀师，苏州，等，2013. 新颖杀虫剂氟啶虫胺腈. 农药，52（10）：753-755.

张帅，邵振润，2014. 双酰胺类和新烟碱类杀虫剂科学使用指南. 北京：中国农业出版社.

主艳飞，左文静，庄占兴，等，2017. 噻虫胺研究开发进展综述. 世界农药，39（2）：28-33.

第五章 <<<
稻飞虱抗药性发展动态

长期大面积使用单一农药品种和不合理用药是稻飞虱产生抗药性的重要原因，而稻飞虱对主要防控药剂产生抗性是稻飞虱大暴发的重要原因之一，因此稻飞虱抗药性问题受到国内广泛关注。经查询资料，本章汇总介绍了褐飞虱、白背飞虱、灰飞虱对不同种类杀虫剂的抗性发展动态。

第一节　褐飞虱的抗药性发展动态

一、对有机磷类杀虫剂的抗性

20世纪70年代，我国逐渐引入有机磷类杀虫剂来防治褐飞虱，此后相继报道了褐飞虱对有机磷类杀虫剂的抗性（毛立新等，1992）。由于褐飞虱抗性的增长和杀虫剂对非靶标生物的毒性高、持效期短等问题，甲胺磷、久效磷和甲基对硫磷等一批高毒农药相继被禁用，目前仅有毒死蜱和敌敌畏用于水稻褐飞虱的防治。

在褐飞虱防治中，毒死蜱为主要使用的有机磷类杀虫剂。自20世纪90年代开始，新烟碱类的吡虫啉、昆虫生长调节剂类的噻嗪酮、吡啶甲亚胺类的吡蚜酮等为主要防治药剂，因此褐飞虱对毒死蜱的抗性虽有上升，但一直维持在中等水平抗性。2005—2006年，王彦华采用稻茎浸渍法测得毒死蜱对褐飞虱具有较高的毒力，其 LC_{50} 为 $1.31\sim5.59$ mg/L，可作为替代高毒药剂的候选药剂（王彦华等，2008）。2009年，褐飞虱对毒死蜱处于敏感阶段，2010年已有1/3的种群对毒死蜱产生了低水平抗性。2013年首次监测到广西南宁种群对毒死蜱产生74.8倍的中等水平抗性，其他种群仍保持在敏感至低水平抗性（王鹏等，2013）。2014年中等水平抗性种群占比达到了50%，2015年中抗和高抗种群占比继续上升至92.9%，并监测到安徽和县种群已达114.8倍的高水平抗性（Wu et al.，2018）。2016—2017年中抗种群占比已达100%；2018—2020年，除2018年的江西上高种群、2019年湖北武穴种群及2020的江苏大丰种群为低水平抗性外，其余田间种群褐飞虱对毒死蜱均为 $12.8\sim41.8$ 倍的中等水平抗性。由于2020年水稻生长后期褐飞虱的再次暴发，2021年褐飞虱对毒死蜱的抗性有所上升（19.2～94.5倍），但2022年对毒死蜱的抗性倍数又恢复到19.8～50.6倍。

二、对氨基甲酸酯类杀虫剂的抗性

20世纪70年代左右，氨基甲酸酯类杀虫剂也进入我国稻田杀虫剂市场，作为防治褐飞虱的主要药剂。1989—1993年，褐飞虱对氨基甲酸酯类杀虫剂克百威、甲萘威和异丙威还处于5.6～9.1倍的低水平抗性（梁天赐等，1996），而后甲萘威等因为存在对非靶标生物高毒和持效期短等问题，很少用于褐飞虱的防治。之后异丙威成为生产上褐飞虱防治使用的主要氨基甲酸酯类杀虫剂。2011—2012年，我国褐飞虱田间种群对异丙威为中等水平抗性（21.7～38.1倍）（Zhang et al.，2014）；2013—2017年，褐飞虱对异丙威的抗性已上升至中等至高水平（17.1～113.9倍）（Zhang et al.，2016）。

三、对噻嗪酮的抗性

噻嗪酮是日本农药株式会社1981年开发的一种可以抑制昆虫几丁质的合成和干扰新陈代谢的新型选择性杀虫剂，主要作用于稻飞虱和粉虱等刺吸式口器害虫，具有对害虫选择性强、杀伤力高、持效期长、毒性低、用量少的优点。

自1985年噻嗪酮引入我国防治稻飞虱以来，其防治效果显著，直至2002年，我国田间褐飞虱种群对噻嗪酮均处于敏感水平（刘贤进等，1996）。2005年首次监测到江苏浦口种群对噻嗪酮达到28.8倍的中等水平抗性（李文红等，2008）。到2010年，9个监测种群均处于11.3～28.4倍的中等水平抗性；而2011年，除广西桂林和江西上高褐飞虱种群的抗性为15.3倍和19.7倍外，80%的褐飞虱监测种群均已达40.7～119.7倍的抗性（王鹏等，2013）。至2013年，褐飞虱已普遍对噻嗪酮产生了高水平抗性（Wu et al.，2018）。因此全国农业技术推广服务中心发文表示噻嗪酮已不适于防控褐飞虱（农技植保函〔2014〕52号）。在此之后的监测结果表明，我国田间褐飞虱种群对噻嗪酮的抗性持续升高，2015年的抗性倍数为273.4～1 487.8倍，2016年升高到839.4～3 241.5倍（Wu et al.，2018）。2020年80%的褐飞虱对噻嗪酮的抗性超过1 000倍，最高达5 620倍（Zeng et al.，2023）。

四、对新烟碱类杀虫剂的抗性

新烟碱类杀虫剂目前在全球化学类杀虫剂市场中占据着重要地位。现今，新烟碱类化合物在全球120多个国家和地区注册，可有效控制半翅目、鳞翅目及鞘翅目等害虫。

吡虫啉作为首个新烟碱类杀虫剂，1995 年在我国首次取得登记，并迅速成为防治褐飞虱的主要药剂。1996—2003 年，仅 1997 年广西桂林种群对吡虫啉表现为 6.3 倍的低水平抗性，其余种群均为敏感水平。2005 年监测发现，褐飞虱对吡虫啉已达到高水平抗性，从广西桂林种群的 79.1 倍到广西南宁种群的 206.5 倍，再到江苏无锡种群的 799.6 倍，抗性倍数随着迁飞路径延伸而逐渐攀升（Wang et al.，2008）。因此全国农业技术推广服务中心发文暂停吡虫啉在褐飞虱防治中的使用（农技植保函〔2005〕270 号）。褐飞虱为迁飞性害虫，迁飞本身对抗性有稀释作用，但 21 世纪初东亚及东南亚国家持续大量地使用吡虫啉对褐飞虱进行防治，在褐飞虱的迁出区、迁入区同时连续使用单个药剂，会加剧其抗性发展，导致抗性暴发。2006—2009 年，褐飞虱对吡虫啉的抗性虽略有下降，但一直在 200 倍以上（Zhang et al.，2014）。2014 年监测发现，田间褐飞虱种群对吡虫啉的抗性高达 1 000 多倍（Wu et al.，2018）。2015—2020 年，田间褐飞虱种群对吡虫啉的抗性再次大幅度提升，抗性倍数最高达 8 477.7 倍（Zhang et al.，2020）。2021 年，褐飞虱种群对吡虫啉的抗性倍数仍达 2 000～4 700 倍。

烯啶虫胺是 1993 年由日本武田公司在吡虫啉的基础上开发的产品，其具有强内吸性和传导作用。2010 年前，烯啶虫胺水剂因对褐飞虱的药效不稳定而未被广泛应用。2011—2013 年，我国褐飞虱田间种群对烯啶虫胺一直处于敏感阶段。2014 年监测到安徽庐江褐飞虱种群对烯啶虫胺产生低水平抗性（5.3 倍）。2015 年，褐飞虱对烯啶虫胺产生抗性的种群数量已达 50% 以上，其中上海和江西的种群已达中等水平抗性（12.4 倍和 33.9 倍）（Wu et al.，2018）。2016—2018 年，田间褐飞虱种群对烯啶虫胺的抗性倍数一直低于 20 倍（Zhang et al.，2020），之后抗性虽有上升，但多数田间种群对烯啶虫胺的抗性倍数仍低于 40 倍。

噻虫嗪是由汽巴-嘉基公司 1998 年开发的第二代新烟碱类杀虫剂，于 2000 年在我国取得登记。2005 年监测到广西桂林种群对噻虫嗪产生了 19.5 倍的中等水平抗性。2008—2014 年，褐飞虱对噻虫嗪的抗性有所提升，已普遍处于中等水平抗性。但 2015 年，褐飞虱对噻虫嗪的抗性水平迅速升高，除福建福清种群的抗性为 81.7 倍之外，其余田间种群的抗性均在 100 倍以上，江苏丹阳种群的抗性更高，达 773.9 倍（Wu et al.，2018）。2016—2021 年，全部监测种群的抗性仍为高水平，甚至高达近 4 000 倍。

呋虫胺为日本三井化学植保株式会社 1993 年发现的第三代新烟碱类杀虫剂，2013 年在我国登记用于褐飞虱等害虫的防治，2014 年就监测到褐飞虱对呋虫胺产生低水平抗性。2015—2016 年，褐飞虱对呋虫胺的抗性进一步升高，除福建种群处于敏感水平外，其余种群的抗性倍数为 11.2～49.8 倍。2017 年，褐飞虱对呋虫胺的抗性倍数上升到 24.3～139.5 倍。至 2021 年，我国 70％的田间褐飞虱种群对呋虫胺达到高水平抗性，南宁回迁种群的抗性倍数最高（213.5 倍）（Zhang et al.，2023）。

2013 年噻虫胺在我国登记用于防治水稻褐飞虱。华中农业大学 2018—2020 年监测了我国 7 个省份 14 个地区褐飞虱田间种群对噻虫胺抗性，发现褐飞虱田间种群已对噻虫胺产生中等至高水平抗性，其中 20 个种群达到高水平抗性（76.9％），6 个种群为中等水平抗性（23.1％），且褐飞虱田间种群对噻虫胺的抗性呈明显的逐年上升趋势（金若珩，2023）。

五、对吡蚜酮的抗性

在吡虫啉因抗性被暂停用于褐飞虱防治和氟虫腈由于对蜜蜂高毒而被禁止用于稻田害虫防治后，吡蚜酮因其安全高效、持效期长等优点逐渐成为我国褐飞虱防治的主打药剂之一。室内稻茎浸渍法的监测结果显示，2010 年我国部分田间褐飞虱种群对吡蚜酮处于敏感状态（王鹏等，2013）。2011—2012 年多数种群已上升至低至中等水平抗性，个别种群达到了高水平抗性，但东南亚地区褐飞虱还对吡蚜酮处于敏感阶段（Koha et al.，2018）。2013—2021 年，我国褐飞虱田间种群对吡蚜酮的抗性已处于中等至高水平抗性（Wu et al.，2018；Song et al.，2022）。田间吡蚜酮对当代褐飞虱的防效有所下降，但 2018 年前褐飞虱发生较轻，吡蚜酮因可抑制褐飞虱的交配和产卵而持效期较长，使得吡蚜酮依然有较好的田间防控效果（张帅等，2018）。然而在 2020—2021 年褐飞虱大发生区域，该药剂单用已不能有效控制褐飞虱为害，且褐飞虱对吡蚜酮产生高水平抗性的种群比例逐年升高，从 2020 年的 62.5％上升至 2021 年的 75.0％到 2022 年的 84.6％，反映出全国各稻区褐飞虱对吡蚜酮的抗性呈现逐步上升趋势（Song et al.，2022）。

六、对其他烟碱型乙酰胆碱受体竞争性调节剂的抗性

氟啶虫胺腈是由美国陶氏益农公司开发的一种新型的、基于亚砜亚胺基团的杀虫剂，2013 年在我国获得登记。2014 年，褐飞虱种群对氟啶虫胺腈均处于敏感至低水平抗性；2015 年，多数褐飞虱种群对氟啶虫胺腈的抗性已表现为中等水平抗性（12.0～25.9 倍）（Wu et al.，2018）。华中农业大学 2013—2016 年监测的 44 个田间褐飞虱种群均对氟啶虫胺腈处于敏感至低水平抗性（0.8～6.8 倍）（Liao et al.，2017）。2017—2021 年，褐飞虱对氟啶虫胺腈的抗性一直处于中等水平，但最高抗性倍数升至 64.5 倍（裴新国等，2022）。

三氟苯嘧啶是美国杜邦公司开发的新型介离子类杀虫剂，与吡虫啉等烟碱型乙酰胆碱受体的激动剂不同，该药剂是烟碱型乙酰胆碱受体的抑制剂，2017年在我国登记用于褐飞虱的防治。华中农业大学2015—2018年监测了我国7个省份30个褐飞虱田间种群，发现除2015年江西南昌褐飞虱种群对三氟苯嘧啶表现为低水平抗性（7.3倍）外，其余种群均对其处于敏感水平。2017—2019年，南京农业大学监测的田间褐飞虱种群也均对三氟苯嘧啶处于敏感水平（Zhang et al.，2020）。2021年发现江苏宿迁种群对三氟苯嘧啶产生了12.9倍的抗性，但2022年监测结果显示，褐飞虱对三氟苯嘧啶的抗性仍处于敏感到低水平抗性。

第二节　白背飞虱抗药性发展动态

一、对有机磷类杀虫剂的抗性

20世纪50年代之后的40余年间，有机磷类和氨基甲酸酯类杀虫剂是田间防治白背飞虱的主要药剂。日本学者Endo的监测结果发现，1980—1987年，白背飞虱已对马拉硫磷、二嗪磷、杀螟硫磷产生了抗性，且抗性存在上升趋势（Endo et al.，1988）。Hosoda监测了1985—1987年采自日本广岛、中国东海等地区共9个白背飞虱种群的抗药性，发现这些种群对杀螟松、马拉硫磷以及二嗪磷等杀虫剂已产生3～37倍抗性（Hosoda et al.，1989）。1987—1991年，毛立新对采自浙江富阳的白背飞虱种群进行了13种常用药剂的监测，发现白背飞虱对马拉硫磷和杀螟硫磷等杀虫剂产生了48.9～110.6倍抗性（毛立新等，1992）。1997年，姚洪渭采用点滴法检测了采自我国浙江、广西、云南、海南的白背飞虱种群的抗药性，发现白背飞虱对马拉硫磷产生了16.2～137.2倍的中等至高水平抗性（姚洪渭等，2000）。1998年，龙丽萍在广西南宁地区的白背飞虱抗药性监测中也发现其对马拉硫磷处于高水平抗性，抗性倍数为48.0～72.2（龙丽萍，2005）。南京农业大学通过稻茎浸渍法对我国多个省份2010—2011年的25个白背飞虱田间种群进行抗药性监测，发现云南种群对毒死蜱的抗性倍数为16.3～22.9倍，其他种群则为敏感到低水平抗性（Su et al.，2013）。2012—2013年江苏句容种群和浙江金华种群对毒死蜱的抗性倍数为16.6～52.2倍（Zhang et al.，2014）。2015年金剑雪等对贵州省8个白背飞虱田间种群的抗药性进行了监测，发现兴仁种群对毒死蜱的抗性倍数高达167.6倍，其他种群对毒死蜱的抗性倍数为3.8～16.4倍（金剑雪等，2017）。熊战之等人测定了苏北地区白背飞虱的抗药性，发现其对毒死蜱的抗性倍数达2.9～29.2倍（熊战之等，2016）。2016—2018年监测结果显示，白背飞虱种群对毒死蜱的抗性无明显变化，均处于中等至高水平抗性，抗性倍数为17～126倍（张帅，2017；2018）。

2019—2020 年，李钊等对湖北、湖南、安徽以及江西等地 18 个田间白背飞虱种群进行抗药性监测，发现白背飞虱对毒死蜱抗性为中等至高水平抗性，最高达304.2 倍 (Li et al.，2021)。2021—2022 年，白背飞虱对毒死蜱抗性又略有下降，抗性倍数为 17～49 倍 (Liu et al.，2023)。

二、对氨基甲酸酯类杀虫剂的抗性

日本学者 Hosoda 测定了 1985—1987 年 9 个白背飞虱种群的抗药性，发现其对甲萘威和仲丁威较敏感 (Hosoda，1989)。1987—1991 年，毛立新通过点滴法测定了浙江富阳、丽水及龙游的白背飞虱种群对克百威和甲萘威的抗性，发现其对克百威、甲萘威也较敏感 (毛立新等，1992)。1997 年，姚洪渭采用点滴法测定了采自我国浙江、广西、云南、海南的白背飞虱种群的抗药性，结果显示白背飞虱对异丙威产生了 10.3～15.6 倍的中等水平抗性 (姚洪渭等，2000)。龙丽萍在广西南宁地区白背飞虱的抗药性监测中，也发现白背飞虱已对异丙威、甲萘威等氨基甲酸酯类农药产生中等水平抗性，抗性倍数为 15.1～15.3 (龙丽萍，2005)。2006 年唐建锋对贵州省 9 个白背飞虱种群进行抗药性监测，发现其对甲萘威产生了 9.6～13.6 倍的低至中等水平抗性，而对异丙威的抗性为 14.6～20.7 倍。2012—2013 年监测发现，白背飞虱对异丙威处于敏感至低水平抗性 (Zhang et al.，2014)。2015 年金剑雪等和熊战之等分别对贵州省和苏北地区的白背飞虱田间种群进行了抗药性监测，发现两地白背飞虱种群对异丙威均较敏感 (金剑雪等，2017；熊战之等，2016)。

三、对噻嗪酮的抗性

噻嗪酮于 20 世纪 80 年代引入我国，用于稻飞虱防治，2012 年对我国广西、上海、江苏、四川等 25 个地区的白背飞虱种群进行抗药性监测，发现约有 84% 的种群抗性倍数为 10.1～25.6，少部分种群低至敏感水平抗性，抗性倍数为1.5～6.7 (Su et al.，2013)。2012—2013 年监测结果发现，江苏句容和浙江金华种群对噻嗪酮的抗性倍数已高达 80 倍和 90.6 倍 (Zhang et al.，2014)。2015年金剑雪等对贵州省白背飞虱田间种群进行抗药性监测，发现贵州种群对噻嗪酮也达到了中等至高水平抗性，其中黔西南的兴仁种群抗性高达 167.6 倍 (金剑雪等，2017)。而熊战之等人测定的苏北地区白背飞虱对噻嗪酮的抗性倍数为 6.4～27.2 倍，低至中等水平抗性 (熊战之等，2016)。2016—2017 年，8 个省份白背飞虱种群对噻嗪酮仍处于中等至高水平抗性，抗性倍数为 41～152 倍 (张帅，2017；2018)。2018 年，白背飞虱种群对噻嗪酮的抗性略有降低，抗性倍数为65～66 倍，2019—2023 年，白背飞虱种群对噻嗪酮抗性变化不大，仍表现为中等至高水平抗性（Liu et al.，2023）。

四、对吡蚜酮的抗性

2010—2011年，王志伟通过稻茎浸渍法对我国多个省份的25个白背飞虱田间种群进行抗药性监测，发现其对吡蚜酮多处于敏感水平（Su et al.，2013）。李文红等测定了2013—2014年贵州省白背飞虱种群对常用杀虫剂的敏感性，发现其对吡蚜酮已表现出低至中等水平抗性（李文红等，2015）。而2015年金剑雪等人对贵州省白背飞虱种群进行抗药性监测，结果发现其抗性倍数已达20.8～84.7倍（金剑雪等，2017）。2014—2022年，南京农业大学连续的抗药性监测结果表明，白背飞虱对吡蚜酮一直处于低至中等水平抗性（Liu et al.，2023）。

五、对其他烟碱型乙酰胆碱受体竞争性调节剂的抗性

2005年唐建锋对贵州省9个地区白背飞虱种群对吡虫啉的抗性进行了监测，发现这些地区白背飞虱对吡虫啉仍为中等水平抗性，抗性倍数为12.2～23.1倍（唐建峰，2008）。王志伟通过稻茎浸渍法对我国多个省份2010—2011年的25个白背飞虱田间种群进行抗药性监测，也表明我国白背飞虱种群对吡虫啉的抗性仍较低，抗性倍数为10.8～15.0倍。2012—2013年，白背飞虱对吡虫啉处于敏感至低水平抗性（Zhang et al.，2014）。2015年，金剑雪等对贵州省8个白背飞虱田间种群的抗药性进行了监测，发现有3个白背飞虱种群对吡虫啉的抗性倍数为11.9～30倍，其他种群仍处于敏感状态（金剑雪等，2017）。同年，熊战之等人对苏北地区白背飞虱的抗药性监测结果表明，白背飞虱对吡虫啉的抗性倍数为2.4～9.9倍，保持在敏感至低水平抗性（熊战之等，2016）。但2017年，南京农业大学监测到个别白背飞虱种群对吡虫啉的抗性在升高，抗性倍数最高达79倍（张帅，2018）。2014—2022年，全国多个稻区白背飞虱对新烟碱类杀虫剂呋虫胺、噻虫嗪、烯啶虫胺以及氟啶虫胺腈的监测结果表明，大部分种群处于敏感至低水平抗性，少数为中等水平抗性（张帅，2017，2018；Liu et al.，2023）。

南京农业大学2018—2022年的抗性监测结果显示，白背飞虱田间种群对三氟苯嘧啶一直处于敏感状态（Liu et al.，2023）。

第三节　灰飞虱的抗药性发展动态

一、对有机磷类杀虫剂的抗性

日本学者Kimura于1963—1964年采用点滴法对采自日本广岛等多个地区

的灰飞虱种群进行了抗药性测定，发现这些种群对马拉硫磷产生了 9.6 倍的低水平抗性（Kimura et al.，1965）。1980 年，Nagata 对中国东海及日本地区的灰飞虱种群进行了抗药性检测，发现对二嗪磷、杀螟硫磷等产生了中等水平抗性，抗性倍数为 20～70 倍（Nagata et al.，1986）。1993—1994 年，Endo 测定了越南、中国及日本多个地区灰飞虱种群的抗性，发现我国浙江富阳灰飞虱种群对马拉硫磷达到 220 倍的高水平抗性，对杀螟硫磷表现为中等水平抗性（Endo et al.，2002）。高宝立 2006 年采集了我国江苏、福建、广东、山东及北京的 7 个灰飞虱种群进行了抗药性测定，发现大部分种群对毒死蜱的抗性倍数达 10～22 倍，表现为中等水平抗性，而采自山东、北京的种群为敏感状态（Gao et al.，2008）。2011 年，班兰凤等监测发现，安徽、江苏及浙江 9 个灰飞虱种群对毒死蜱的抗性倍数为 17.5～83.5 倍（班兰凤等，2015）。2012—2013 年，张凯对采自 4 个省份的 13 个田间种群的抗药性进行了测定，对毒死蜱均表现为中抗（10.3～61.0 倍）（Zhang et al.，2014）。2015—2022 年，灰飞虱对毒死蜱的抗性倍数变化不大，均为中等水平抗性（宋鑫宇等，2023）。

二、对氨基甲酸酯类杀虫剂的抗性

1980 年 Nagata 对中国东海及日本地区的灰飞虱种群进行了抗药性测定，发现其对甲萘威产生了中等水平抗性（Nagata，1986）。1993—1994 年，Endo 测定了越南、中国及日本多个地区灰飞虱种群的抗药性，发现其对甲萘威表现为中等水平抗性（Endo et al.，2002）。2005 年南京农业大学杀虫剂毒理与抗药性实验室采用点滴法监测发现，灰飞虱对残杀威及甲萘威产生 40.1～76.6 倍及 29.8～45.3 倍的中等水平抗性，无锡种群对仲丁威为低抗（8.1 倍），对丁硫克百威处于敏感水平（马崇勇等，2007）。随后几年，灰飞虱对氨基甲酸酯类杀虫剂的抗性发展仍较为缓慢，基本为敏感至低水平抗性（王利华等，2008；Zhang et al.，2014）。2020—2021 年，蔡玉彪对河南原阳、西平和范县的灰飞虱田间种群进行了抗药性监测，发现监测的所有田间种群对异丙威均处于敏感水平（蔡玉彪等，2022）。

三、对噻嗪酮的抗性

2005 年，马崇勇等采用稻苗浸渍法监测到江苏盐城和无锡两个灰飞虱田间种群对噻嗪酮达到了 125 倍和 134 倍的高水平抗性（马崇勇等，2007）。王利华在 2007 年采用稻苗浸渍法监测发现，江苏和安徽的 7 个灰飞虱种群对噻嗪酮均达到 200 倍以上的极高水平抗性（王利华等，2008）。2011 年，班兰凤监测发现安徽、江苏及浙江 9 个灰飞虱种群对噻嗪酮均处于高水平抗性（136.4～271.1

倍）（班兰凤等，2015）。此后几年的监测结果均显示，灰飞虱对噻嗪酮抗性倍数都在 100 倍以上，处于高水平抗性（Zeng et al.，2022；宋鑫宇等，2023）。

四、对吡蚜酮的抗性

2011 年，班兰凤监测发现，江苏种群对吡蚜酮处于低水平抗性（抗性倍数 5.3～5.5 倍），安徽和浙江种群对吡蚜酮处于敏感状态（班兰凤等，2015）。2012—2013 年，张凯对采自江苏、安徽等 4 个省份 13 个田间种群的抗药性进行了测定，发现其对吡蚜酮处于敏感水平（Zhang et al.，2014）。2015—2019 年，个别种群对吡蚜酮表现为低水平抗性，2020—2022 年监测结果显示灰飞虱对吡蚜酮仍处于敏感水平（宋鑫宇等，2023）。

五、对其他烟碱型乙酰胆碱受体竞争性调节剂的抗性

2005 年，南京农业大学杀虫剂毒理与抗药性实验室采用点滴法监测发现，灰飞虱对吡虫啉的抗性倍数达 44.6～79.6 倍（马崇勇等，2007）。高宝立在 2006 年采集了我国江苏、福建、广东、山东及北京的 7 个灰飞虱种群进行了抗药性测定，发现江苏种群对吡虫啉处于中等至高水平抗性（抗性倍数 66～108 倍）（Gao et al.，2008）。2011 年，班兰凤监测发现，安徽、江苏及浙江 9 个灰飞虱种群对噻虫嗪和烯啶虫胺等新烟碱类杀虫剂为敏感状态（班兰凤等，2015）。2012—2013 年，张凯对采自安徽、江苏等 4 个省份 13 个田间种群的抗药性进行了测定，对噻虫嗪和呋虫胺等新烟碱类药剂仍处于敏感状态（Zhang et al.，2014）。到 2020—2022 年，灰飞虱对噻虫嗪和烯啶虫胺的抗性有所上升（抗性倍数分别为 1.6～8.3 倍和 0.7～9.9 倍），对呋虫胺（抗性倍数 2.9～10.0 倍）和氟啶虫胺腈（抗性倍数 2.5～8.7 倍）处于敏感至低水平抗性（宋鑫宇等，2023）。

在 2018—2019 年，冯泽瑞对灰飞虱田间种群的抗药性进行监测，结果表明所有地区的种群对三氟苯嘧啶均为敏感状态，抗性倍数为 0.7～4.0。2020—2022 年抗性监测结果显示，灰飞虱田间种群对三氟苯嘧啶仍处于敏感状态（宋鑫宇等，2023）。

参 考 文 献

班兰凤，高聪芬，郭昊岩，2015. 灰飞虱对几种杀虫剂的抗性. 植物保护，41（1）：158-162.
蔡玉彪，窦涛，高富涛，等，2022. 河南省灰飞虱田间种群对 12 种杀虫剂的抗性现状分析.
农药学学报，24（3）：483-491.

金剑雪，金道超，李文红，等，2017. 贵州省白背飞虱对杀虫剂抗药性现状分析 . 南京农业大学学报，40（2）：258-265.

金若珩，2023. 褐飞虱对噻虫胺代谢抗性及其调控机制 . 武汉：华中农业大学 .

李文红，高聪芬，王彦华，等，2008. 褐飞虱对噻嗪酮的抗药性监测 . 中国水稻科学，22（2）：197-202.

李文红，李凤良，金剑雪，等，2015. 近两年贵州省白背飞虱的抗药性现状 . 植物保护，41（6）：199-204.

梁天锡，毛立新，1996. 水稻飞虱的抗药性监测研究 . 华东昆虫学报（1）：89-93.

刘贤进，顾正远，1996. 褐飞虱对甲胺磷、扑虱灵的抗药性现状及发展趋势 . 植物保护（2）：3-6.

龙丽萍，2005. 水稻飞虱对杀虫剂敏感性变化动态规律的研究 . 华中农业大学学报，24（1）：15-20.

马崇勇，高聪芬，韦华杰，等，2007. 灰飞虱对几类杀虫剂的抗性和敏感性 . 中国水稻科学，21（5）：555-558.

毛立新，梁天赐，1992. 水稻飞虱对十三种杀虫剂的抗性监测 . 中国水稻科学，6（2）：70-76.

裴新国，张帅，张彦超，等，2020. 褐飞虱对氟啶虫胺腈的抗性监测与生化抗性机制 . 植物保护，48（3）：39-46.

宋鑫宇，张文静，刘雅婷，等，2023. 华东 4 地区灰飞虱对 8 种杀虫剂的抗性监测 . 农药学学报，25（4）：960-968.

唐建锋，陈祥盛，周华梅，2008. 贵州省稻飞虱抗药性初步研究 . 中国植保导刊，28（4）：36-38.

王利华，方继朝，刘宝生，2008. 几类杀虫剂对灰飞虱的相对毒力及田间种群的抗药性现状 . 昆虫学报，51（9）：930-937.

王鹏，甯佐苹，张帅，等，2013. 我国主要稻区褐飞虱对常用杀虫剂的抗性监测 . 中国水稻科学，27：191-197.

王彦华，陈进，沈晋良，等，2008. 防治褐飞虱的高毒农药替代药剂的室内筛选及交互抗性研究 . 中国水稻科学，5：519-526.

熊战之，汪立新，付佑胜，等，2016. 2015 年苏北地区稻飞虱的抗药性监测及治理 . 江苏农业科学，44（10）：191-195.

姚洪渭，叶恭银，程家安，2000. 白背飞虱不同种群抗药性的测定 . 中国水稻科学，14（3）：56-57.

张帅，2017. 2016 年全国农业有害生物抗药性监测结果及科学用药建议 . 中国植保导刊，37（3）：56-59.

张帅，2018. 2017 年全国农业有害生物抗药性监测结果及科学用药建议 . 中国植保导刊，38（4）：52-56.

张帅，2019. 2018 年全国农业有害生物抗药性监测结果及科学用药建议 . 中国植保导刊，39

(3)：63-67，72.

ENDO S，NAGATA T，KAWABE S，et al.，1988. Changes of insecticide susceptibility of the white backed planthopper *Sogatella furcifera*（Horváth）（Homoptera：Delphacidae）and the brown planthopper *Nilaparvata lugens*（Stål）（Homoptera：Delphacidae）. Applied Entomology and Zoology，23（4）：417-421.

ENDO S，TAKAHASHI A，TSURUMACHI M，2022. Insecticide susceptibility of the small brown planthopper，*Laodelphax striatellus*（Fallén）（Homoptera：Delphacidae），collected from East Asia. Applied Entomology and Zoology，37（1）：79-84.

GAO B，WU J，HUANG S，et al.，2008. Insecticide resistance in field populations of *Laodelphax striatellus*（Fallén）（Homoptera：Delphacidae）in China and its possible mechanisms. International Journal of Pest Management，54（1）：13-19.

HOSODA A，1989. Incidence of insecticide resistance in the white-backed planthopper，*Sogatella furcifera*（Horváth）（Homoptera：Delphacidae）to organophosphates. Japanese Journal of Applied Entomology and Zoology，33（4）：193-197.

KHOA D B，THANG B X，LIEM N V，et al.，2018. Variation in susceptibility of eight insecticides in the brown planthopper *Nilaparvata lugens* in three regions of Vietnam 2015 - 2017. PLos One，13（10）：e0204962.

KIMURA Y，1965. Resistance to malathion in the small brown planthopper，*Laodelphax striatellus*（Fallén）. Japanese Journal of Applied Entomology and Zoology，9（4）：251-258.

LI Z，QIN Y，JIN R，et al.，2021. Insecticide Resistance Monitoring in Field Populations of the Whitebacked Planthopper *Sogatella furcifera*（Horvath）in China，2019 - 2020. Insects，12（12）：1078.

LIAO X，MAO K K，ALI E，et al.，2017. Temporal variability and resistance correlation of sulfoxaflor susceptibility among Chinese populations of the brown planthopper *Nilaparvata lugens*（Stål）. Crop Protection，102：141-146.

LIU Y T，SONG X Y，ZENG B，et al.，2023. The evolution of insecticide resistance in the white backed planthopper *Sogatella furcifera*（Horvath）of China in the period 2014 - 2022. Crop Protection，172：106312.

NAGATA T，OHIRA Y，1986. Insecticide resistance of the small brown planthopper，*Laodelphax striatellus*（Fallén）（Hemiptera：Delphacidae），collected in Kyushu and on the East China sea. Applied Entomology and Zoology，21（2）：216-219.

SONG X Y，PENG Y X，WANG L X，et al.，2022. Monitoring，cross-resistance，inheritance，and fitness costs of brown planthoppers，*Nilaparvata lugens*，resistance to pymetrozine in China. Pest Management Science，78：3980-3987.

SU J，WANG Z，ZHANG K，et al.，2013. Status of Insecticide Resistance of the Whitebacked Planthopper，*Sogatella furcifera*（Hemiptera：Delphacidae）. The Florida Entomologist，

96（3）：948-956.

WANG Y H, GAO C F, ZHU Y C, et al., 2008. Imidacloprid susceptibility survey and selection risk assessment in field populations of *Nilaparvata lugens* (Homoptera: Delphacidae). Journal of Economic Entomology, 101 (2): 515-522.

WU S F, ZENG B, ZHENG C, et al., 2018. The evolution of insecticide resistance in the brown planthopper (*Nilaparvata lugens* Stål) of China in the period 2012-2016. Scientific Reports, 8 (1): 4586.

ZENG B, CHEN F R, LIU Y T, et al., 2023. A chitin synthase mutation confers widespread resistance to buprofezin, a chitin synthesis inhibitor, in the brown planthopper, *Nilaparvata lugens*. Journal of Pest Science, 96: 819-832.

ZENG B, LIU Y T, ZHANG W J, et al., 2022. Inheritance and fitness cost of buprofezin resistance in a near-isogenic, field-derived strain and insecticide resistance monitoring of *Laodelphax striatellus* in China. Pest Management Science, 78: 1833-1841.

ZHANG K, ZHANG W, ZHANG S, et al., 2014. Susceptibility of *Sogatella furcifera* and *Laodelphax striatellus* (Hemiptera: Delphacidae) to Six Insecticides in China. Journal of Economic Entomology, 107 (5): 1916-1922.

ZHANG X L, LIAO X, MAO K K, et al., 2016. Insecticide resistance monitoring and correlation analysis of insecticides in field populations of the brown planthopper *Nilaparvata lugens* (Stål) in China 2012-2014. Pesticide Biochemistry and Physiology, 132: 13-20.

ZHANG X L, LIAO X, MAO K K, et al., 2017. The role of detoxifying enzymes in field-evolved resistance to nitenpyram in the brown planthopper *Nilaparvata lugens* in China. Crop Protection, 94: 106-114.

ZHANG X, LIU X, ZHU F, et al., 2014. Field evolution of insecticide resistance in the brown planthopper (*Nilaparvata lugens* Stål) in China. Crop Protection, 58: 61-66.

ZHANG Y C, FENG Z R, ZHANG S, et al., 2020. Baseline determination, susceptibility monitoring and risk assessment to triflumezopyrim in *Nilaparvata lugens* (Stål). Pesticide Biochemistry and Physiology, 167: 104608.

ZHANG Y C, YU Z T, GAO Y, et al., 2023. Dinotefuran resistance in *Nilaparvata lugens*: resistance monitoring, inheritance, resistance mechanism and ftness costs. Journal of Pest Science, 96: 1213-1227.

第六章 <<<
不同稻区稻飞虱绿色防控集成技术模式

稻飞虱是典型的迁飞性害虫，本章分华南稻区、长江中下游单双季混栽稻区、长江中下游单季稻区、西南稻区、北方稻区等 5 个区域，详细介绍不同稻区稻飞虱绿色防控技术模式和技术要点。

第一节　华南稻区

华南稻区主要包括广东、广西、福建、海南 4 省（自治区），跨热带和亚热带气候区，种植制度是以双季籼稻为主的一年多熟制，常年种植水稻约 530 万 hm^2。根据华南水稻生育期稻飞虱发生规律和为害特点，构建了以农业防治、物理防治、生态调控和生态种养为主，化学防治为辅的绿色防控技术体系。

一、农业防治

1. 选用抗虫品种

在华南各稻区每年更换种植含不同抗性基因的高产、优质抗褐飞虱或白背飞虱的品种，如常规优质稻新香占 1 号、桂育 11、杂交稻良丰优 339 等。不仅可以延缓稻飞虱对抗性水稻品种的适应性、延长抗虫品种的使用寿命，还可以减少施药 3~4 次。

氮肥施用量与害虫发生密切相关，随施氮量的增加，病虫对水稻的危害也随之增加，高水平的氮肥施用会显著促进田间稻飞虱种群密度增多。氮高效型水稻是指在不同供氮水平下均有较高的产量，即不论低氮还是高氮均表现出氮高效利用的特性，如广西 6 个优质常规稻品种在施用低氮（$112.5 \ kg/hm^2$）条件下，其产量能达到或超过施用常氮（$150.0 \ kg/hm^2$）和高氮（$187.5 \ kg/hm^2$）时的产量。因此，种植氮高效型水稻品种，可以适当减施氮肥，同时田间稻飞虱发生的数量也相应会低于非氮高效型水稻品种（吴碧球等，2020）。当前，华南各稻区多种植高产、优质水稻品种。选育和种植氮高效型高产、优质水稻品种尤其重要，可达到"氮肥和农药减施增效"的目的。例如，种植氮高效利用水稻品种桂育 11，氮肥和农药使用量分别减少 20％ 和 30％，对稻飞虱的防治效果在 91.52％以上，水稻增产 4.1％以上。

在华南稻区种植推广的氮高效型高产、优质稻品种主要有桂育 8 号、桂育 9 号、桂育 11、桂育 12、黄华占、桂香 18、96 占、桂华占、桂野丰、广粮香 2 号、粤农丝苗、粤美丝苗、茉丰占 1 号、南桂占、华航 33 和华航 38 等。

2. 健康栽培

合理安排播插期，培育优质适龄壮秧，规范大田水肥管理是水稻健身栽培的主要措施。针对我国华南水稻生产中化肥农药过量施用、环境污染严重、病虫害和倒伏等突出问题，采用控肥、控苗、控病虫为主要内容的高效安全施肥及配套技术体系（简称"三控"施肥技术），可使纹枯病、稻飞虱和稻纵卷叶螟为害分别减少 50.7％、28.6％和 46.6％。与传统栽培相比，该技术具有高产稳产、节本增收、安全环保、操作简便等特点，在南方稻区得到广泛应用，并入选农业农村部 2021 年农业主推技术。

广东早晚稻"三控"施肥技术要点：一是控制氮肥的施用总量，结合水稻的目标产量及未施肥的空白对照区的产量综合考虑；二是分阶段对氮肥的施用情况进行调控，实施"氮肥后移"技术，降低分蘖肥的施用量，确保田间的穗数充足，在此基础上主攻大穗；三是控制磷肥以及钾肥的施用量。

3. 合理密植

水稻合理密植是指按照一定的栽植密度进行种植，使每一株水稻植株能够充分利用土地和阳光资源，同时也能够获得足够的营养和水分供应，最大限度地提高水稻的产量，减少病虫害的发生。

根据水稻品种、秧苗质量、插秧早晚、土壤肥力、施肥水平、灌溉条件、管理技术水平等确定栽插密度。一般种植迟熟品种、土壤肥沃、施肥水平高、供肥能力强、秧苗素质好的地块可适当插疏，反之宜插密些。一般每亩 1.6 万～1.8 万穴，保证基本苗 8 万～11 万株。因地制宜、合理密植，确保水稻株行间通风透气，能够防止因田间过度郁闭而导致稻飞虱加重发生。

4. 科学管水

"够苗露田"，水稻有效分蘖达到八成可以露晒田，降低田间湿度，创造不利于稻飞虱发生的环境条件。在稻飞虱发生期，可采用干干湿湿的灌水方法，提高土壤通透性，减轻水稻纹枯病的发生，同时避免纹枯病诱发稻飞虱为害加重，改变稻飞虱的适生环境。在稻飞虱成虫产卵期，田间进行浅水灌溉，降低成虫产卵部位，产卵盛期过后深水灌 3 d，淹没产卵部位，可降低稻飞虱卵的孵化率。在稻飞虱若虫孵化盛期适度晒田，可控制稻飞虱的种群数量。

二、物理防治

早稻用薄膜覆盖秧地，既保暖又防叶蝉、稻飞虱为害及传播病毒病，中、晚稻采用 20 目以上的防虫网或 $15\sim20$ g/m² 无纺布全程覆盖育秧。此法可替代杀虫剂拌种和秧田期施药的措施，或有条件的采取异地远程育秧、工厂化集中育秧。

三、生态调控

在农田边界种植蜜源植物，如绣线菊、波斯菊等菊科植物，为天敌生物（如步甲、蜘蛛、瓢虫、隐翅虫、寄生蜂等）提供栖息环境、补充非捕食性营养液；田埂种植构树和黄豆、绿豆等豆科植物，为半翅目水稻中性昆虫（如小绿叶蝉、伪褐飞虱等）提供栖息环境，以提供稻飞虱卵寄生蜂的替代寄主，从而提高天敌的自然控害作用。

构建并利用生态调控系统中"推-拉"策略，在稻田边种植对稻飞虱有明显驱避作用的紫苏和烟草，或种植对蜘蛛具有引诱作用的香根草，形成紫苏、烟草和香根草的"推-拉"生态调控系统，既减少了稻飞虱的数量，又增加了天敌蜘蛛数量（陈杰华等，2018）。

四、生态种养

随着农业集约化程度的提高，农业生产所带来的环境污染、食品安全和资源浪费等问题已成为人们关注的焦点。稻田养鸭、稻渔综合种养的应用和推广对降低农业生产所带来的环境污染，缓解农业资源不足，实现稳粮、增收、提质等方面具有十分重要的意义，并已逐渐成为华南稻区高效、生态、安全且可持续发展的农业生产技术和模式。

1. 稻鸭共作

稻鸭共作是一项种养复合、环境友好型的稻田生态种养模式，起源于我国传统的稻田养鸭。该模式根据动植物共生共长生态学原理，将水稻种植和鸭子养殖置于同一时空内，水稻为鸭群生长提供良好的活动环境、食物来源和栖息场所，鸭子捕食稻田中的各种害虫、吞食田间杂草和福寿螺等，且鸭子排泄的粪便直接还田，促进水稻生长发育。该模式可达到稻鸭共作互利共生、减少农药使用的目的，是近年来华南稻区推广应用比较广泛的一项生态型种养新技术。广西侗族人根据当地的地理环境条件对稻鸭生态种养作进一步扩展延伸，发展稻、鸭、鱼三者共栖复合种养模式。

稻鸭共作生态种养模式中，鸭子要选择体型较小、活泼好动、耐粗饲的品种，而水稻应当选择附加值高的优质杂交稻和常规稻品种。人工插秧、抛秧或机械插秧的稻田便于鸭子穿行觅食；直播稻田稻苗密度大、行株距不分明，一般不适宜放鸭。通常每亩须移栽水稻 1.6 万～1.8 万穴，保证基本苗 8 万～11 万株，株距和行距分别为 15～18 cm 和 15～25 cm。移栽 7～15 d 后，每亩放养出壳 7 d 后经防疫的雏鸭 12～20 只。

2. 稻渔共生

稻渔共生根据养殖对象划分，主要有稻虾（彩图 6 - 1）、稻鱼、稻蟹、稻鳖、稻鳅、稻蛙（彩图 6 - 2）、稻螺等七大类技术模式，养殖对象多达 30 多种。华南丘陵山区一直是稻鱼种养优势区，利用华南独特的自然气候条件，稻虾种养逐渐在华南兴起，稻蛙、稻鳖和稻螺种养在广西占有一定的面积，特别是广西的稻螺种养，占全国稻螺种养面积的八成以上。由于鱼、虾、鳖、蛙能捕食田内昆虫，其活动有助于优化水稻田内的生物资源，因此稻鱼、稻虾、稻鳖和稻蛙种养对田间稻飞虱种群影响较大。鳖和蛙能主动取食掉落在田水里或是稻株上的稻飞虱，鱼和虾主要取食掉在田水里的稻飞虱，因此稻鳖和稻蛙种养对稻飞虱的控害作用较凸显，稻鱼和稻虾对稻飞虱也具有一定的控制作用。

稻渔共生中，注意选择附加值高的高秆、抗倒伏、抗病虫的优质水稻品种，结合健身栽培、理化诱控、生物农药和生态调控等技术进行水稻病虫害防控，尽量减少化学农药的使用，或者选择高效、对环境及水生生物安全的化学农药进行病虫害防控。

3. 烟稻轮作或邻作

烟稻轮作是在同一块田先种烟草后种水稻的一种水旱轮作耕作模式，可以很大程度抑制甚至消灭后茬作物病虫害的发生。该模式通过烟秆直接还田的方式，使烟秆残体和土壤表层残留的大量烟碱被水稻根系吸收，从而影响在水稻茎秆基部取食、生长、繁殖的刺吸式口器昆虫，能有效降低晚稻田间的稻飞虱种群数量（林开等，2019）。

烟稻邻作是在南方种植烤烟的地区，利用烤烟与早稻生育期重叠的特性，建立烟稻邻作系统。烟稻邻作应用生物多样性原理，在邻作烤烟田大大增加了稻田天敌功能团的相对数量，随着烤烟的成熟与采收，烟田中的大量天敌迁入稻田控制稻飞虱种群数量。

五、化学防治

化学防治要本着生态农业、绿色植保的宗旨，在稻飞虱防控上推广高效、低毒、低残留的环境友好型农药，优化集成农药的轮换使用、交替使用、精准使用和安全使用等配套技术，加强农药抗药性监测与治理，普及规范使用农药的知识，严格遵守农药安全使用间隔期，通过合理使用农药，最大限度降低农药使用造成的负面影响。

1. 达标防治

坚持达标防治，在水稻分蘖期稻飞虱低龄若虫大于 1 000 头/百丛、孕穗至抽穗期大于 1 500～2 000 头/百丛时必须防治。

2. 选用生物农药

生物农药是生物制剂型农药，不会对稻田生态造成负面影响或污染。当前市面上销售防治稻飞虱的生物农药主要有金龟子绿僵菌、球孢白僵菌等微生物农药，印楝素、香芹酚等植物源农药。田间稻飞虱发生偏轻时，以生物农药防治为主，或生物农药与相容性好的化学农药以单用的剂量减半混合使用，以此降低化学农药使用量，减少对环境的污染。

3. 选用高效、低毒的化学农药

根据华南稻区田间稻飞虱发生种类、发生时期、发生特点、抗药性及水稻栽培模式进行药剂选择。一般在水稻前期虫量较少，注意选择高效、低毒的送嫁药和生物农药进行防控；在水稻后期（特别是水稻破口期前后）虫量大，稻飞虱处于低龄若虫时期，可选择高效、低毒的环境友好型化学农药作为应急农药进行统防统治。早稻田主要是白背飞虱为害，可以选择使用呋虫胺、噻虫嗪、烯啶虫胺和醚菊酯等药剂；而在中稻和晚稻田，白背飞虱和褐飞虱混合发生，晚稻田以褐飞虱为主，褐飞虱在广西对吡虫啉、噻嗪酮、毒死蜱、吡蚜酮、呋虫胺、噻虫嗪均达高水平抗性，对烯啶虫胺达中等水平抗性，仅对三氟苯嘧啶和醚菊酯处于敏感至低水平抗性，所以应选择烯啶虫胺、三氟苯嘧啶和醚菊酯及其复配剂作为应急药剂。此外，还应注意对水稻种植进行经济效益评估，不片面追求高质高效的农药。为避免稻飞虱产生抗药性，延长化学药剂的使用年限，应尽量避免单一药剂大面积长期使用，建议合理轮换使用各种高效、低毒的化学药剂及其复配药剂。

4. 适时施药

一是施好"送嫁药"。在水稻秧苗移栽前 2～3 d，施用内吸持效期长的稻飞虱防控药剂，做到秧苗带药移栽，起到防秧田、保大田的作用，减少水稻分蘖期稻飞虱的发生和防治用药。二是抓准稻飞虱低龄若虫期进行防控。早稻防控抓好封行期或抽穗期防治，争取一次用药防治过关。中、晚稻确保封行期和抽穗期两次用药，重点加强晚稻后期褐飞虱的查治，发生量较大的情况下合理安排第三次用药。

第二节　长江中下游单双季混栽稻区

长江中下游单双季混栽稻区主要分布在湖南、江西、湖北、浙江、福建等省的单双季稻混合种植区，属于亚热带季风性湿润气候，稻田耕作制度形成了双季稻区、混栽稻区和单季稻区（纯中稻）三大类型。据统计，长江中下游单双季混栽稻区常年种植水稻约 500 万 hm²。依据长江中下游单双季混栽稻区水稻生育期稻飞虱发生规律和为害特点，构建了以农业防治、物理防治、生态调控和生态种养为主，化学防治为辅的绿色防控技术体系。

一、农业防治

通过种植抗性品种，实施健身栽培，培育健壮植株，确保适当的密度和较好的通透性，恶化稻飞虱增殖和发生的生境，有效抑制稻飞虱的发生。

1. 选用抗虫品种

目前，该区的水稻主栽品种中，抗褐飞虱的有 H 优 518、黄华占、秀水 134 等品种可供选用，抗白背飞虱的则有荣优华占、深两优 1 号、嘉禾 218、甬优 9 号、甬优 12、甬优 538、秀水 134、浙粳 88、宁 88、宁 84 等可供选用。其中抗白背飞虱的品种相对较多，尤其是浙江等地的粳稻或籼粳杂交稻较普遍；抗褐飞虱的抗性品种较少，然而近年广受关注和重视，以 $Bph3$、$Bph14$、$Bph15$、$Bph18$、$Bph27$、$Bph30$ 等为代表的抗褐飞虱单基因或双基因水稻品种的培育较为活跃，抗性品种短缺的局面有望改善。

2. 科学肥水管理

科学的肥水管理一方面可促进水稻的生长发育，壮苗健株，从而提高水稻的抗耐虫性；另一方面，亦可创造对害虫发生不利的环境条件，抑制害虫的生长、存活和繁殖，进而降低害虫的为害。在稻飞虱发生期，结合水稻栽培技术的要求，适时进行搁水晒田，可在一定程度上减少稻飞虱发生量。氮肥用量增加，稻飞虱的发生为害显著加重；钾肥用量增加，稻飞虱的发生为害减轻。应推广配方施肥，施足基肥，早施分蘖肥，增施锌肥、钾肥、硅肥、钙肥和有机肥，巧施穗肥，避免重施、偏施和迟施氮肥；做到前期浅水分蘖，够苗及时露晒田，中期回水抽穗，后期干湿交替（陈波等，2017）。每亩施纯氮 11～13 kg，氮、磷、钾适宜比例为 1：1：1.4，施有机肥最佳；稻田管水要做到浅灌勤灌（平掌水），分蘖末期（9～10 枚叶）排水晒田（林拥军等，2011）。

二、物理防治

育秧是水稻生产中的重要环节，随着我国水稻生产技术的发展，无纺布覆盖育秧、工厂化设施育秧等集中隔离育秧技术发展迅速。在南方水稻黑条矮缩病等虫传病害发生严重地区，采用孔径 0.85 mm 以上的防虫网或 15～20 g/m² 规格的无纺布全程覆盖育秧等措施，可在秧苗期达到 100％的控害效果，减少苗期虫害发生（郭荣等，2013）。还可以在播种后用 20～40 目聚乙烯防虫网全程覆盖秧田，以阻止稻飞虱迁到秧苗上传毒为害。

三、生态调控

1. 种植显花植物

在稻田田埂、路边沟边、机耕道旁种植芝麻、大豆、波斯菊、黄秋英、紫花苜蓿等显花植物（彩图 6-3），可提高稻田生物多样性，显花植物可供稻田寄生蜂等采集花蜜和花粉来补充营养，从而促进寄生蜂雌蜂的生殖系统发育，提高寄生蜂的生殖力、存活率、搜索能力和寄生能力。芝麻可为稻虱缨小蜂提供营养丰富的蜜源，使其寿命延长约 30％，并显著提高稻飞虱等卵寄生率。在水稻田埂闲余土地上种植大豆等作物，大豆上的蜘蛛对邻近稻田害虫（如稻飞虱等）有很好的自然控制作用，可有效控制稻飞虱的过度繁殖，从而减轻稻飞虱的发生为害，还可明显增加寄生蜂的扩散，稻田二化螟、三化螟、稻纵卷叶螟和褐飞虱的卵寄生率分别为 17.8％、20.3％、10.2％ 和 12.4％（戈林泉等，2013）。

2. 保护和利用天敌

蜘蛛、黑肩绿盲蝽和多种缨小蜂均为稻飞虱的重要天敌，在多种农事操作中要加以保护。在水稻的不同生育期，水稻田间生态系统中的种群数量和分布也不一样，稻飞虱与天敌和其他害虫的关系是动态变化的，针对稻飞虱的防治措施要尽量发挥稻田生态系统的平衡和调节能力，使稻飞虱处于较低水平。

在水稻生育前期（拔节期以前），放宽防治指标，尽量创造和提供有利于稻飞虱天敌增长的条件，培育和增加天敌种类和数量，为后期天敌控害能力的提高提供保障。实行先"松"后"紧"的防治策略，尽量减少用药，充分利用水稻植株的补偿作用，尽量不用药或少用化学杀虫剂。水稻前期，稻田生态系统还处于种群种类和数量迅速增长的过程，水稻处于营养生长阶段，因而在防治措施上应选用健身栽培为主的农业防治和对环境友好的生物防治等非化学措施（程遐年等，2003）。

四、生态种养

根据稻飞虱集中为害基部的特点，可进行稻田养鸭，采用稻鸭共作的方式（彩图 6-4），进行稻飞虱防治。中稻田移栽后 5～7 d，每公顷放 1～2 周龄雏鸭 180～225 只入田，可有效控制稻飞虱为害。在水稻进入幼穗分化期以后，鸭子通过一段时间的适应与锻炼，活动范围不断扩大，觅食能力逐渐增强，同时还可减轻纹枯病、二化螟、稻纵卷叶螟、稻飞虱、福寿螺和杂草等病虫草害。

五、化学防治

1. 药剂拌种

在水稻播种前采用药剂拌种可有效防控苗期稻飞虱为害，降低生长前期病虫防治压力。同时，药剂直接作用于种子，可减少药液流失和农药用量，有利于保护农田生态环境，也有利于天敌生长。在病毒病流行时，可减少稻飞虱在秧田前期传毒。可用吡虫啉、噻虫嗪、噻虫胺等药剂进行浸种，或在种子催芽露白后用拌种剂拌种，待药液充分吸收后播种。水稻播种前用海岛素浸种，可提高水稻的生长势和抗病能力。单季稻用吡虫啉或吡蚜酮拌种或浸种，可预防苗期稻飞虱、稻蓟马和南方水稻黑条矮缩病。

2. 防治适期

要明确两个时期和一个指标。第一个时期是水稻孕穗期，这是在水稻生育期中要重点保护的关键时期，这一时期水稻植株营养丰富，抗性较差，十分适合稻飞虱的生长发育，稻飞虱大量取食后，其增殖倍数极高，因而也是防治稻飞虱的关键时期。第二个时期是稻飞虱的低龄若虫高峰期，此时稻飞虱抗药性低，是防治稻飞虱的最佳时期。一个指标指的是稻飞虱防治指标，主害代稻飞虱防治指标是每百丛 1 200 头，在水稻生育前期可适当放宽到每百丛 1 500～2 000 头（张舒等，2015）。在重发年份，主害代稻飞虱短翅成虫达到每百丛 30 头，主害代前一代（中稻第二代、晚稻第三代）"压前"控制指标为每百丛 100～150 头（程遐年等，2003）。

3. 药剂选择

全程禁止使用高毒农药（高毒有机磷类）和菊酯类农药，优先使用生物农药，如金龟子绿僵菌 CQMa421（张舒等，2018）、球孢白僵菌、苦参碱等。达到防治指标时，可选用选择性农药（如醚菊酯、烯啶虫胺、吡蚜酮、呋虫胺、氟啶虫酰胺、三氟苯嘧啶、噻虫嗪等），通过减少对天敌的伤害，来培育和保护田间天敌，增强对稻飞虱的控制作用（张舒等，2015）。10％三氟苯嘧啶悬浮剂对稻飞虱的防治效果很好，药后 20 d 防效达到 93.22％，药后 40 d 防效达到 97.61％；吡虫啉、噻嗪酮、噻虫嗪对白背飞虱的防治效果很好，防效为 86％～94.4％（张舒 等，2015）。

白背飞虱和褐飞虱常混合发生，以白背飞虱为主时，可使用噻虫嗪、呋虫胺、氟啶虫胺腈、三氟苯嘧啶等药剂防治。褐飞虱较耐高温，8 月以后，田间种群数量迅速上升，其田间增殖倍数高，应交替、轮换使用不同作用机制、无交互抗性的杀虫剂，避免连续、单一用药。在防治褐飞虱时交替轮换使用三氟苯嘧啶、烯啶虫胺等药剂或药剂组合，严格限制呋虫胺、吡蚜酮、氟啶虫胺腈的使用次数，暂停使用吡虫啉、噻虫嗪、噻嗪酮。

4. 科学施药

选择细雾或弥雾喷雾器施药，通过推广农药＋有机硅助剂的减量增效技术，在保持药效不变的前提下，可减少常规药剂用量的 1/4～1/3，降低污染残留，确保水稻品质安全。将激健助剂添加到化学药剂中防治病虫害是安全的。化学防治正常用量增加助剂，能明显提高防治效果 10% 以上；增加助剂，减少正常化学农药使用量的 30%，可达到与化学农药正常使用量的同等效果，其产量也与正常使用量的产量相当（王腾飞等，2022）。

第三节　长江中下游单季稻区

长江中下游地处暖温带至亚热带季风气候过渡性区域，水稻产区包括湖北、江苏、上海、浙江、安徽等省（直辖市）的单季稻种植区。据统计，该稻区常年种植水稻约 790 万 hm^2。稻飞虱在长江中下游稻区主要有 3 种，分别是褐飞虱、白背飞虱和灰飞虱。针对长江中下游单季稻区水稻生育期稻飞虱发生规律和为害特点，各级植保机构构建了以农业防治、物理防治、生物调控和生态种养为主，化学防治为辅的绿色防控技术体系。

一、农业防治

1. 选用抗虫品种

目前，该区的水稻主栽品种中，抗褐飞虱的有广两优 476、Y 两优 2 号等品种可供选用，抗白背飞虱的则有甬优 9 号、甬优 12、浙粳 88、南粳 51、南粳 2728、镇稻 11、镇稻 14、镇稻 99、武运粳 21、武运粳 27、武运粳 29、武运粳 31、淮稻 5 号、淮稻 11、连粳 7 号、淮香粳 15、苏粳 815、皖垦粳 1 号等可供选用。与长江中下游单双季混栽稻区类似，抗白背飞虱的品种相对较多，尤其是江苏、浙江等地的抗白背飞虱粳稻或籼粳稻较普遍，抗褐飞虱的水稻品种尽管较少，但其选育也颇受重视，短缺局面亦有望改善。

2. 健身栽培

水稻种植时，应用健身栽培技术，进行合理的水肥管理，可显著提升水稻植株的抗逆性。冬闲和绿肥田可提前耕翻后晒土或灌水沤田，灭杀越冬虫源，对稻桩基部越冬灰飞虱的灭杀效果尤其显著。晒土还可提高土壤微生物活力，增加土壤通透性，提高土壤肥力。在播栽时，首先应控制好播栽时间和密度，因地制宜，适时播栽，可适当迟播，避开灰飞虱集中为害，合理密植，保证植株间通透性。直播稻推广机条播，用种量控制在每公顷 90～112.5 kg，行距 20 cm，深

1 cm，保证基本苗适量（每公顷 135 万～195 万株）；移栽稻每公顷栽插 27 万穴，株行距适中，以 30 cm×12 cm 为宜。其次应控制好追肥工作，采用测土配方施肥法，在施加充足基肥的基础上，结合长势进行追肥，严格控制好追肥量，少施氮肥，增施磷、钾肥和腐熟有机肥，满足植株生长各个阶段对营养物质的需求，提升抗性。最后要做好灌溉工作，控制好不同生育期稻田持水量，做到浅水移栽，寸水返青，薄水分蘖，基本苗数量达到穗数 85% 时晒田，促进根系生长，幼穗分化后灌水，保持浅水层即可，直至灌浆期。乳熟至黄熟期实行干湿交替，收获前 1 周断水。

二、物理防治

1. 无纺布育秧技术

近年来，水稻无纺布育秧技术得到迅速发展，成为水稻生产中一项最重要的技术措施，该技术可以有效地减少灰飞虱传毒为害，切断水稻条纹叶枯病和黑条矮缩病的传播途径。无纺布覆盖技术配合塑料盘、基质和机插秧技术，能够极大地减少人工成本，提高水稻产量和品质。可采用菜园土、耕作熟化的旱地土或秋耕、冬翻、春耙过的稻田土作为床土，播种前进行营养土配制，播种后在盘面撒一层土覆盖，然后用标准规格宽为 1.9 m 的专用无纺布将四周封严，灌水没过秧板后排水。

2. 防虫网覆盖技术

防虫网覆盖水稻不仅可以有效地阻断灰飞虱、褐飞虱、白背飞虱、稻纵卷叶螟、稻象甲等害虫的侵入，还可以极大地减少水稻病害的发生。据研究，使用 40 目的防虫网全程覆盖水稻，水稻整个生育期内不施用任何农药，这样对灰飞虱的防效达到 97.8%，远远超过使用化学农药（25% 杀单·毒死蜱）对灰飞虱的防效（73.6%）（徐文华等，2015）。同时防虫网覆盖还可以增加水稻穗数、结实率和产量。

三、生态调控

主要是通过改善稻田生态，营造有利于蜘蛛等天敌生存、繁殖的环境，或恶化稻飞虱的生存环境以减少其转移寄主，从而达到控制稻飞虱种群的效果。研究表明，多样性种植环境稻田较单一种植环境稻田对稻飞虱数量有更强的控制作用，水稻-白瓜、水稻-番茄、水稻-玉米、水稻-苋菜、水稻-菜心和水稻-菠菜等 6 种稻菜邻作均可显著降低稻飞虱数量。稻田蜘蛛自然资源丰富，占稻田捕食性和寄生性天敌总数量的 90% 以上，因此稻田蜘蛛是稻飞虱的最主要天敌，正常情况下 1 头稻田蜘蛛每日可捕食（杀）3～6 头稻飞虱，通过保护稻田蜘蛛来捕食（杀）水稻害虫，可极大减少防控害虫所需农药施用次数和施用量。目前来说，如何让蜘蛛等天敌在田间最大限度增殖尚未有完善的技术体系，但丰富稻田种植环境，稻田生态系统中插花种植或田埂种植芝麻、大豆、波斯菊、紫花苜蓿等，同时减少阿维菌素、菊酯类杀虫剂的使用，可保护天敌及中性昆虫，有效提高稻田生态系统对稻飞虱的自然控制能力。

四、生态种养

稻鸭共作技术是一项种养结合、省工节本增效的生态型综合农业技术。稻鸭共作是利用鸭子的杂食性特点，取食稻田内的杂草和害虫，利用鸭子不间断的活动刺激水稻生长，产生中耕浑水效果，同时鸭的粪便作为肥料。该技术具有防病治虫、防除杂草、增加肥力等优点，可以在一定程度上减少化学农药的使用，从而生产出安全、优质的稻米，同时还有利于保护稻田生态系统的稳定性。据江苏省徐州市试验研究，稻鸭共作田块对稻飞虱综合防效为45%左右，且田间蜘蛛等天敌增长速度显著高于药剂处理田块（王炜等，2017）。稻鸭共作时，可于水稻分蘖初期，将15～20日龄的雏鸭放入稻田，每亩放鸭10～30只，水稻齐穗时收鸭。

五、化学防治

1. 防治指标

在落实预防性技术和绿色防控技术的基础上，根据预测预报和田间发生实际，推行达标用药应急控害。稻飞虱药剂防控上要坚持"治前控后"的防治策略，压低繁殖代基数，控制主害代发生，严防穗期暴发成灾，应急控害重点在水稻生长中后期，对孕穗期百丛虫量1 000头、穗期百丛虫量1 500头以上的稻田施药，其中褐飞虱"压前"防治指标为拔节期百丛虫量100头以上、灌浆至蜡熟期800～1 000头，防治适期为卵孵高峰至低龄若虫高峰期。10月中旬以后温度下降、水稻开始黄熟，即使虫量高于防治指标也无须用药。

2. 药剂选择

根据当地稻飞虱抗药性水平选择高效、低毒的环境友好型农药。杀卵可选用烯啶虫胺、噻虫胺、呋虫胺、毒死蜱等，防治若虫可选用三氟苯嘧啶、烯啶虫胺、环氧虫啶、噻虫胺、氟啶虫胺腈、呋虫胺等，成虫较多时可加入毒死蜱、异丙威。

如果两次防治间隔时间较长，或迁入峰次较多，可将上述药剂与吡蚜酮混配使用。灌浆中期脱水田块应急防治时，可使用敌敌畏、毒死蜱等拌沙土在晴天下午撒施。防治3类稻飞虱应避免同种药剂的连续使用，注意轮换使用不同作用机理的药剂，延缓抗药性产生。

秧田和大田防治，在病虫害发生程度较轻时，优先选用生物制剂，不仅可以当代控害，还可以保护自然天敌，发挥持续控害作用。由于稻飞虱具有暴发性特点，因此生物农药适宜在稻飞虱发生较轻时使用，可选择使用金龟子绿僵菌CQMa421、球孢白僵菌、苦参碱、耳霉菌等生物农药控制基数。

3. 种苗处理

水稻种子药剂处理是水稻病虫绿色防控的核心内容，既可有效控制种苗期病虫为害，还可降低水稻生长前中期病虫防治压力，减少农药使用量和药液流失，能够经济、简便、高效地控制种传病害及前期病虫为害，尤其是种衣剂拌种包衣还可促进根系生长发育，利于培育壮苗。

根据江苏省试验研究，利用三氟苯嘧啶进行拌种处理，当每亩有效药量≥1.5 g时，直播粳稻播种后98 d、杂交稻播种后126 d对稻飞虱的防效均在90.00%以上，机插秧粳稻播种后112 d、杂交稻播种后119 d对稻飞虱的防效均在90.00%以上，但对旱育移栽秧田稻飞虱的防效较差，持效期短。因此，利用每亩有效药量1.5～6 g的三氟苯嘧啶拌种，可有效降低直播稻和机插秧田间稻飞虱的种群数量，减少水稻穗前稻飞虱的防治次数。该法对水稻安全，对天敌蜘蛛影响较小，有利于实现稻飞虱的省力化、轻简式防控。

据浙江、江苏等地试验研究，移栽时喷施送嫁药，对水稻前期稻飞虱具有较好的防治效果，并且将大田用药前移到苗床施药，相当于只施用大田面积的1/80～1/10，能够节省用工，减少大田喷雾的农药流失（朱凤等，2021；陈将赞等，2014）。

4. 合理施药

施药时优先使用高效施药器械，如自走式喷杆喷雾机、电动喷雾器等。使用植保无人飞机飞防时，应选择专用药剂或加入沉降剂等专用助剂。施药时田间应保持3～5 cm水层3～5 d，用药量和兑水量应参考农药标签和农技人员指导意见。在开展稻飞虱防治时应兼顾其他病虫害，一药多治、省工节本。高温天气选择在上午10时前和下午4时后早晚凉爽时段施药；雨水天气不宜施药，如施药后6 h内下雨需补施；有风天气风力不大时，应选择在上风处施药，如果风速过大，应停止施药；对光敏感的农药应选择上午10时前或傍晚施药。高温季节施药要提高人员安全用药意识，落实防护措施，避免中毒、中暑事故的发生。落实防疫要求，切实做好个人防护、健康监测和卫生消毒。

周围有鱼塘、虾塘的地区应禁止田水排入河道。农药包装废弃物等要及时妥善收集处理。

第四节　西南稻区

西南稻区包括云南、贵州、四川、重庆、陕西等省（直辖市）的单季稻种植区。据统计，该稻区常年种植水稻约 590 万 hm^2。稻飞虱是西南稻区最主要的害虫之一，常间歇性暴发为害。西南稻区通过水稻品种抗性评价与推广、健身栽培、天敌的保护和利用、稻鸭共养除虫和科学用药等技术，集成以监测预警为依托、品种抗性为源头、健身栽培为手段、生态调控为基础、科学用药为保障的稻飞虱综合绿色防控技术模式。

一、农业防治

1. 种植抗虫品种

在 20 世纪 80 年代之前，西南地区主要是褐飞虱间歇暴发为害，之后白背飞虱成为本地稻飞虱的主要种群。推广种植抗虫水稻品种对于降低稻飞虱为害具有重要的意义。四川省农业科学院植物保护研究所对来自西南和长江流域的 620 个水稻品种对白背飞虱和褐飞虱的抗性进行了评价。筛选到苗期抗白背飞虱水稻品种 30 个，抗褐飞虱水稻品种 27 个，其中皖稻 51、荣优 225、汕优 736、西农优 10 号、糯稻 N-2、C 两优 513、冈优 364 等品种在苗期对 2 种飞虱均表现抗性，结合田间试验发现糯稻 N-2 和西农优 10 号对白背飞虱和褐飞虱表现出全生育期抗性，部分品种虽然苗期感虫，但成株期对稻飞虱表现抗性。云南省农业科学院测定了云南籼稻区 31 个水稻主栽品种对白背飞虱的抗虫性，发现 7 个品种在苗期表现高抗，但所有供试品种在成株期均表现为感虫。云南农业大学植物保护学院等分析了云南传统水稻品种对白背飞虱的抗、感性差异，发现白背飞虱在"红皮糯谷"和"绿脚谷"上的取食量、单雌产卵量和孵化率均较高，可以初步确定为感虫品种，而在"车甲谷"上的取食量、单雌产卵量和孵化率均较低，初步确定属于抗虫品种，为当地抗稻飞虱布局提供了依据。由于在新品种审定的过程中未制定是否抗稻飞虱的淘汰标准，因此育种家主要关心米质和抗稻瘟病能力，忽略了抗稻飞虱资源的利用。据统计，我国 2010—2019 年国审的 1 156 个水稻新品种中，有 1 008 个品种在区域试验中开展了稻飞虱抗性鉴定，其中中抗以上的 1 个，中感 7 个，感 113 个，高感 887 个，高感比例为 88%（钟光跃等，2020）。总体来说，目前西南稻区仅部分育种单位在筛选抗稻飞虱品种（彩图 6-5），对于推广抗稻飞虱品种还需要提高审定标准，推动形成更完善的选育体系，加快抗稻飞虱品种的选育进程。

2. 健身栽培

在水稻行业主管部门和农业专业合作社、种植大户等新型经营主体的协作和努力下，西南稻区逐渐形成规范化的水稻栽培技术体系，实现水稻病虫害精准高效防控。在培育壮秧方面：通过播种前筛选剔除不饱满、病变或霉变的种子，提高种子发芽势；推广药剂浸种提高发芽率、预防病害；催芽处理促进出苗整齐，增强苗期抗性。在育秧方式上，推行标准化集中育秧，根据栽培方式控制秧龄和苗高，使秧苗健壮整齐、根系发达，增强抗病虫能力（彩图 6-6）。除此之外，还有以下措施：①翻耕晒田，利用紫外线破坏病菌、虫卵越冬环境等方式，减少病菌及虫卵基数。②水旱轮作，打破连作建立的微生物群落关系，使稻田微生物群落的种类和数量趋于正常，维持土壤养分平衡，减少病虫害的发生，降低农药的施用量，促使作物生长健壮且抗性增强。③合理密植，推广宽窄行种植，提高植株受光面，减少荫蔽，营造不利病虫生存的环境。④进行科学的水肥管理，推广测土配方施肥技术，优选"有机肥＋配方肥"，增施硅、钾肥，平衡补充水稻生长所需养分，使水稻形成健壮的营养体，提高水稻对病虫的抗性（王晓慧等，2022）。

二、物理防治

针对稻飞虱传播南方水稻黑条矮缩病的情况，为了阻隔稻飞虱等害虫，预防病毒病的发生，在西南稻区建立了通过物理阻隔育秧防控稻飞虱等虫害的策略（彩图 6-7）。贵州省农业农村厅、四川雅安市农业农村局、自贡市农业农村局等发布的水稻重大病虫害绿色防控主推技术中，都建议使用物理阻隔育秧这一绿色防控技术。采用 20～40 目防虫网或 15～20 g/m² 无纺布全程覆盖秧田育秧，阻隔稻飞虱等介体昆虫，预防水稻病毒病，同时防止或减轻稻水象甲等害虫为害，该技术可以进一步推广应用。

三、生态调控

保护和利用天敌是基于生态调控技术防控稻飞虱的有效策略。黑肩绿盲蝽会吸食稻飞虱卵，稻虱缨小蜂会寄生于稻飞虱卵，各种螯蜂会寄生于稻飞虱若虫，蜘蛛、青蛙等天敌会捕食稻飞虱成虫及若虫，保护和利用稻田自然天敌对稻飞虱的防控具有重要的意义。据贵州省黔东南州及县属植保站对稻飞虱天敌的系统观察与调查，发现黔东南州稻飞虱天敌有 11 种，其中捕食性天敌 5 种、寄生性天敌 6 种。捕食性天敌为蜘蛛、黑肩绿盲蝽、八斑和瓢虫、青蛙和五点黄足隐翅虫；寄生性天敌为捻翅虫、螯蜂、赤眼蜂、线虫、金小蜂及青翅隐翅虫。在田间以黑肩绿盲蝽、蜘蛛发生量大，控害作用明显。运用生态调控手段，种植大豆、芝麻、波斯菊、紫花苜蓿等显花植物，保护寄生蜂、蜘蛛和黑肩绿盲蝽等天敌。通过推广水稻绿色防控技术控制稻飞虱群体数量，进而减少农药施用，保护生态环境。云南省景洪市通过示范推广水稻病虫害绿色防控与航空植保统防统治融合技术，在良好控制水稻病虫害的前提下，提高了农药利用率，有效地减轻了环境污染程度。示范区害虫天敌蜘蛛、黑肩绿盲蝽的数量相较于农户自防区有所增长，有效促进了农业生态平衡。2019—2021年，在四川邛崃固驿街道国家级稻渔综合种养示范区，推广应用病虫害防治前移技术、精准用药技术、全程非化学防控技术等，使基地害虫天敌数量显著增加，有效控制了水稻病虫为害（彩图6-8）。在重庆开州区推广实施水稻病虫害绿色防控技术，使稻田蜘蛛、黑肩绿盲蝽的数量增加，进而实现对稻飞虱等害虫的防控。

四、生态种养

稻田养鸭可有效控制田间杂草的生长，对水稻害虫的控制效果较好，特别是对稻飞虱的控制尤为明显。稻田养鸭可有效防治稻飞虱为害。据试验统计，1只约0.5 kg重的鸭子平均1 h能食11 400余头稻飞虱，最高达16 000头（龙家春，2019）。

在四川稻区，包括四川省广元市昭化区、西昌市佑君镇、什邡市南泉镇、巴中市南江县长赤镇、眉山市东坡区修文镇、泸州市纳溪区上马镇、眉山市彭山区公义镇、宜宾市翠屏区李端镇等多个地区都报道了稻田养鸭种养模式。稻田养鸭可控制农田杂草和稻飞虱、福寿螺、螟虫等害虫，增加稻田通风透光性，减少纹枯病等发生。鸭子田间散养，鸭粪留田，直接实现了种养循环（彩图6-9）。

在云南稻区，云南省昭通市植保植检站在昭阳区苏家院镇双河村开展了稻田养鸭种养结合试验示范，以降低稻飞虱及杂草的发生。试验表明，稻田养鸭可明显控制稻飞虱及稻田杂草的发生。直接采用化学防治技术，虽然能短时间使稻飞虱种群数量降低到低水平，但后期会快速恢复和上升；而稻田养鸭可使稻飞虱长期维持在较低水平，稻田养鸭可同时减少农药使用量，保障水稻生产及环境安全，促进增产增收。其他地区，包括维西县、澜沧县等通过实施稻鸭共养的生态循环模式，降低了药剂等对环境的影响，有效控制了稻飞虱等害虫和杂草等为害，获得了良好的经济效益。

重庆稻区在水稻产业发展过程中，因地制宜实施"稻鸭共育"的种养模式，利用稻田鸭捕食害虫代替农药、踩食杂草代替除草剂、鸭粪增强土壤肥力，进一步提升水稻产量和品质，一举多得，实现立体增收。重庆市黔江区、江津区、垫江县等多个地区都报道了"稻鸭共育"的种养模式。据重庆日报报道，重庆市垫江县高安镇新溪村实施稻鸭共育技术有效控制了稻飞虱为害，该技术有利于水稻增产，试验表明养鸭区水稻亩产量510 kg，比传统化学农药控害区（产量498.6 kg）

增产 11.4 kg，比非养鸭区（产量 491.2 kg）增产 18.8 kg。

在贵州稻区，贵州思南县、贵定县、从江县、黎平县、兴义市等多个地区都报道了稻田养鸭案例，通过以鸭治虫，打造"种养结合、循环利用、生态养殖"模式，发展稻鸭共作复合型生态农业，通过稻田综合种养促进农业增产增效，为群众拓宽增收渠道，提高农业经济效益。

五、化学防治

通过种子药剂处理，预防稻飞虱传播病毒病；通过施用内吸性药剂，带药移栽，预防稻飞虱的发生；达到防治指标时，因地制宜合理用药进行稻飞虱防控，大大降低群体数量；推进植保无人机统防统治服务，提高防治效率，实现药剂减量增效。

1. 种子处理与带药移栽

使用吡虫啉等药剂拌种，可有效预防稻飞虱传播南方水稻黑条矮缩病毒。带药移栽可预防稻飞虱为害，降低水稻本田期药剂使用量。四川达州市发布的 2023 年稻飞虱早防早治警报中，建议结合水稻移栽前带药移栽措施和水稻一代螟虫防治，加入防治稻飞虱药剂，进行专治或兼治稻飞虱，减轻虫害损失，压低前期虫量，进一步控制后期暴发为害。重庆市永川区 2023 年水稻主要病虫害防控技术方案中，建议秧苗移栽前 2～3 d，施用内吸性药剂，带药移栽，预防螟虫、稻叶瘟、稻飞虱及其传播的病毒病。云南省农业农村厅发布的 2023 年水稻主要病虫害防控技术指导意见中，建议秧苗移栽前 2～3 d 施用内吸性药剂，带药移栽（彩图 6-10），预防螟虫、稻叶瘟、稻蓟马、稻飞虱和叶蝉及其传播的病毒病。

2. 实施应急防控

在稻飞虱高发年份，由西南稻区主管部门及时发布病虫情报，并推荐对应防控药剂。据重庆市种子站发布的 2023 年度稻飞虱防治建议，要求各地加大监测预警力度，一旦达到防治指标（前期百丛虫量 1 000 头、穗期百丛虫量 1 500 头），及时防治。对虫量较低的稻田施药，优先选用金龟子绿僵菌 CQMa421、苦参碱、球孢白僵菌等生物农药和醚菊酯、烯啶虫胺、吡蚜酮、氟啶虫酰胺、三氟苯嘧啶等环境友好型化学农药。云南昆明市农业农村局 2023 年度发布昆明市农业病虫情报，建议当田间虫口密度达到 500～1 000 头/百丛时，应立即组织防治，以统一防治为主，专业化统防统治与群防群治相结合，快速压低田间虫口密度，减轻为害。可选用噻虫嗪、吡蚜酮、20% 以上含量的吡虫啉等高效、低毒、低残留农药，配药时可加入有机硅等助剂，增加农药附着力，提高药效。施药时压低喷头，着重喷施水稻中下部位。据贵州省发布的贵州水稻病虫害全程绿色防控主推技术，对于稻飞虱坚持"狠治主害前代压基数、防治主害代控为害"的防治策略，重点防治白背飞虱和褐飞虱，应急控害重点针对水稻生长中后期，对孕穗期百丛虫量 1 000 头、穗期百丛虫量 1 500 头以上的稻田施药。防治药剂可选用金龟子绿僵菌 CQMa421、醚菊酯、三氟苯嘧啶、吡蚜酮、呋虫胺、氟啶虫胺腈、噻虫胺、烯啶虫胺、噻虫嗪、吡蚜·呋虫胺、阿维·氟啶、阿维·三氟苯等。2023 年 6 月，四川达川区应急管理局发布的植保情报建议，结合水稻纵卷叶螟、稻瘟病等其他病虫对稻飞虱进行防治，加入防治稻飞虱药剂，进行专治或兼治稻飞虱，推荐亩选用 70% 呋虫胺水分散粒剂 6～11 g 或 50% 吡蚜酮水分散粒剂 10～12 g 等药剂进行喷雾防治，生物农药推荐 80 亿孢子/mL 金龟子绿僵菌 CQMa421 可分散油悬浮剂 60～90 mL。

第五节　北方稻区

北方稻区包括黑龙江、吉林、辽宁、河北、河南、山东、天津、内蒙古、宁夏、新疆等省份单季粳稻种植区。据统计，该稻区常年种植水稻约 550 万 hm^2。灰飞虱和白背飞虱在北方稻区均有发生，偶有褐飞虱迁入。一般年份北方稻区属稻飞虱的波及区和边缘区，北方稻区的稻飞虱以灰飞虱为主，灰飞虱属于越冬害虫，发生程度和危害程度最轻。这些年来，北方稻区实施了健身栽培、生态调控、理化诱控、生物防治和科学用药等绿色防控技术。

一、农业防治

1. 选用抗（耐）虫品种

北方稻区抗稻飞虱的水稻品种很少，除河北和辽宁外，其他地区鲜有报道。河北省曾对 300 份水稻品种做了抗性试验，研究中发现两份粳稻高抗褐飞虱种质，十分珍贵，为选育粳稻抗褐飞虱品种提供了方便，但无抗至高抗白背飞虱种质表现贫乏（张启星，2015）。辽宁地区曾对 42 份水稻品种进行了灰飞虱抗性鉴定，结果表明仅筛选出 1 份抗虫材料辽优 5218，11 份中抗品种。抗虫品种辽优5218 和中抗品种港育 129 兼具排趋性和抗生性，是非常理想的抗性种质。中抗品种港源 8 号和粳优 558 具有很强的排趋性，也是较为理想的抗性资源，但大部分辽宁省内主栽主推品种不具备对灰飞虱的抗性（邵凌云，2013）

2. 水稻合理布局

通过连片种植、合理密植，改善田间小气候，提高水稻抗虫能力。稻飞虱喜好荫蔽潮湿环境，通常在稻株中下部繁殖为害，合理密植可以通风透光，破坏有利于稻飞虱繁殖的环境条件。另外，连片种植，合理布局，统一管理，可以防止稻飞虱迂回转移、辗转为害。

3. 合理施肥

稻飞虱成虫对生长嫩绿的水稻有明显趋性，合理施肥也是预防稻飞虱的一种重要方法。多施或偏施氮肥，会造成稻株徒长、叶色浓绿和茎秆幼嫩，为稻飞虱提供了丰富的氮素营养物质，使其为害加重。因此要控制氮肥，防止封行过早，贪青倒伏；增施磷钾肥，巧施追肥，使水稻早生快发，增加植株硬度，提高抗虫害能力，避开稻飞虱的趋嫩绿性，减轻为害。尽可能创造出不利于稻飞虱生长发育的环境，促使水稻健康成长。

4. 科学灌水

在水稻生长期间，要科学灌水，做到浅水栽秧，寸水返青，薄水分蘖，排灌自如，浅水勤灌，干湿交替，适时晒田，保持秧田通风透光，降低田间湿度，以此限制稻飞虱的繁殖。通过合理灌溉，促使水稻植株生长健壮，增强抗性。

5. 清除杂草

褐飞虱和白背飞虱各虫态在我国北方稻区不能越冬，均由外地区虫源迁飞而来。但灰飞虱在北方稻区各地均可越冬，主要以 3、4 龄若虫在稻田、麦田、沟边、河边的禾本科杂草上越冬，卵粒在植物组织内，尤以背风向阳处为多。因此，在防治灰飞虱时，还要消灭越冬虫源。在收割完水稻之后，通过冬季积肥的方法，铲除田间地头的杂草，尽可能地消灭虫源。

二、生物防治

天敌对稻飞虱也有一定的控制作用。稻飞虱的天敌种类很多，能有效抑制稻飞虱繁殖，如缨小蜂、寡索赤眼蜂是稻飞虱卵的主要寄生性天敌。生物防治与其他防治技术协调能有效地控制稻飞虱的暴发（吴家明等，2011）。

三、生态种养

在稻田养鸭，水稻可为鸭子生长提供良好的活动环境、食物来源和栖息场所，鸭子可捕食稻田中的稻飞虱等各种害虫、吞食田间杂草等，且鸭子排泄粪便直接还田，促进了水稻生长发育，进而达到降低虫源密度、减少农药使用的目的。

四、化学防治

在农药选择上坚持选用高效、低毒、低残留的对口农药。稻飞虱具有迁飞扩散的特点，活动能力强。如果农户分散施药，则达不到应有的防治效果。因此，提倡统防统治，防治时要统一时间、统一药剂、统一技术，以提高防治效果，减少防治成本。防治褐飞虱应根据水稻品种和虫害发生情况，分别采用"压前控后"或"狠治主害代"的防治策略。防治白背飞虱采用"挑治迁入代，主攻主害代"的策略。防治灰飞虱采取"狠治一代，控制二代"的策略，抓住秧田期和大田初期防治，目的是治虫防病，力求将其消灭在传毒之前。水稻生长期和稻飞虱发生为害期均可施用药剂防治，最好在稻飞虱低龄若虫始盛期施药。可以选用吡蚜酮、吡虫啉、啶虫脒、噻虫嗪、吡蚜·呋虫胺、噻虫·吡蚜酮等药剂，每亩严格按推荐剂量兑足量水，进行全田均匀喷雾。喷雾时务必将药液喷到稻丛中、下部，以保证药效。防治时，田间要有水层，药后保水 3～5 d。

参 考 文 献

陈波，田永宏，房振兵，等，2017. 湖北省水稻主要病虫害绿色防控技术. 湖北农业科学，56
（6）：1056-1058.

陈将赞，丁灵伟，戴以太，等，2014. 不同药剂带药移栽防治水稻前期害虫试验. 浙江农业科学（12）：1827-1829.

陈杰华，吴荣昌，向亚林，等，2018. 水稻害虫生态调控系统中推-拉策略的初步应用. 环境昆虫学报，40（3）：514-522.

程遐年，吴进才，马飞，2003. 褐飞虱研究与防治. 北京：中国农业出版社.

戈林泉，胡中卫，吴进才，2013. 大豆、玉米与水稻配置对稻田寄生蜂的影响. 应用昆虫学报，50（4）：921-927.

郭荣，韩梅，束放，2013. 减少稻田用药的病虫害绿色防控策略与措施. 中国植保导刊，33（10）：38-41.

林开，李燕芳，李怡峰，等，2019. 烟秆还田对水稻稻飞虱及其捕食性天敌田间种群动态的影响. 环境昆虫学报，41（1）：17-24.

林拥军，华红霞，何予卿，等，2011. 水稻褐飞虱综合治理研究与示范：农业公益性行业专项"水稻褐飞虱综合防控技术研究"进展. 应用昆虫学报，48（5）：1194-120.

龙家春，2019. 水稻高产栽培中稻飞虱综合防治技术浅析. 农家参谋（2）：53.

邵凌云，孙富余，王小奇，等，2013. 辽宁水稻品种抗灰飞虱鉴定及其抗性机制研究. 应用昆虫学报（6）：1649-1659.

王腾飞，闻武，周海亮，等，2022. 助剂与药剂组合混用防治水稻病虫害药效试验，湖北植保（3）：45-47.

王炜，张建军，陈恩会，等，2017. 稻鸭共作对水稻病虫草害的控制效果评价. 金陵科技学院学报，33（4）：48-52.

王晓慧，蒋梦侠，蒲倍，等，2022. 川渝地区水稻精准高效绿色防控关键技术创新与应用. 四川农业科技（7）：39-41，44.

吴碧球，黄所生，覃丽莎，等，2020. 氮高效利用水稻品种桂育 11 号病虫害发生效应研究 . 西南农业学报，33（10）：2250-2255.

吴家明，朱丽，得孜·艾山，张振宇，等，2011. 害虫重要寄生性天敌昆虫-赤眼蜂和缨小蜂研究进展 . 新疆大学学报，28（3）：267-277.

徐文华，孙星星，2015. 防虫网对水稻灰飞虱的防控效果研究 . 现代农业科技（19）：134，139.

张启星，左永梅，2005. 河北省地方水（陆）稻品种抗病抗虫性研究 . 中国农学通报（1）：257-259.

张舒，吕亮，常向前，等，2015. 水稻"两迁"害虫防控药剂的选择及综合防控技术 . 华中昆虫研究：181-185.

张舒，张求东，罗汉钢，等，2018. 金龟子绿僵菌 CQMa421 对水稻重要害虫的防治效果 . 湖北农业科学，57（17）：53-55.

钟光跃，汪仁全，陈辉志，等，2020. 抗稻飞虱种质资源研究与应用进展 . 农业科技通讯（1）：211-216.

钟旭华，黄农荣，郑海波，等，2007. 水稻"三控"施肥技术规程 . 广东农业科学（5）：13-15，43.

朱凤，程金金，张国，等，2021. 江苏水稻生产全程简约化绿色防控策略研究与应用 . 中国植保导刊，41（1）：94-101.

附　录 <<<

附录 1　稻纵卷叶螟和稻飞虱防治技术规程

第 2 部分：稻飞虱
（NY/T 2737.2—2015）

1　范围

本部分规定了稻飞虱防治的有关术语、定义、防治指标、防治技术。

本部分适用于我国各水稻种植区的稻飞虱（褐飞虱、白背飞虱、灰飞虱）防治。

2　规范性引用文件

下列文件对于本文件的应用是必不可少的，凡是注日期的引用文件，仅注日期的版本适用于本文件。凡是不注日期的引用文件，其最新版本（包括所有的修改单）适用于本文件。

GB 4285　农药安全使用标准

GB/T 8321.1～8321.9　农药合理使用准则（一）～（九）

GB/T 15794　稻飞虱测报调查规范

GB/T 17980.4　农药田间药效试验准则（一）　杀虫剂防治水稻飞虱

3　术语和定义

下列术语和定义适用于本文件。

3.1

稻飞虱　rice planthoppers

是为害水稻的飞虱类害虫的统称，包括褐飞虱（*Nilaparvata lugens* Stål）、白背飞虱（*Sogatella furcifera* Horváth）和灰飞虱（*Laodelphax striatellus* Fallén）3 种，属昆虫纲 Insecta，半翅目 Hemiptera，飞虱科 Delphacidae。

3. 2

主害代　main damaging generation

指对水稻产量影响最为严重的稻飞虱发生代次。不同稻区和稻作类型稻飞虱的主害代次不同。

3. 3

稻飞虱传播的病毒病　virus diseases transmitted by rice planthoppers

由稻飞虱传播的水稻病毒病主要种类见表1。

表1　稻飞虱传播的水稻病毒病主要种类

稻飞虱种类	传播的主要水稻病毒病及病原
褐飞虱	水稻齿叶矮缩病（*Rice ragged stunt virus*，RRSV） 水稻草丛状矮缩病（*Rice grassy stunt virus*，RGSV）
白背飞虱	水稻南方黑条矮缩病（*Southern rice black-streaked dwarf virus*，SRBSDV）
灰飞虱	水稻条纹叶枯病（*Rice stripe virus*，RSV） 水稻黑条矮缩病（*Rice black-streaked dwarf virus*，RBSDV）

4　防治原则

贯彻"预防为主，综合防治"的植保方针和有害生物综合治理（Integrated Pest Management，IPM）的基本原则，保护稻田生态环境，发挥稻田生态因子对稻飞虱的自然调控作用，重点防治对水稻产量影响大的主害代稻飞虱。优先采用农业防治、生物防治和物理防治措施，必要时选用高效、低毒、低残留、对天敌相对安全的农药，将稻飞虱的危害控制在经济允许水平之下。

5　防治技术

5. 1　农业防治

5. 1. 1　因地制宜选用抗虫、抗病毒病品种。

5. 1. 2　适时播种移栽

依据稻飞虱迁入为害期，确定水稻播种移栽期，在稻飞虱传播的水稻病毒病严重发生区，使水稻感病敏感期避开稻飞虱迁入传毒期，减少初侵染源。

5. 1. 3　合理肥水管理

避免偏施氮肥，促进氮磷钾平衡，施足基肥，巧施追肥，减少无效分蘖，防止植株贪青。分蘖期适时烤田控苗壮苗。

5.2 物理防治

5.2.1 防虫网或无纺布全程覆盖育秧

稻飞虱传播的水稻病毒病重发生区或年份，结合预防病毒病，使用 20 目～40 目白色防虫网或 13 g/m²～15 g/m² 规格的无纺布，于水稻秧苗出苗前或揭开塑料薄膜后立即覆盖秧田，防虫网覆盖时要设立支架或用竹片等搭拱架，支（拱）架高 50 cm，四周压实。移栽前，揭开防虫网或无纺布，炼苗 1 d～2 d 再移栽，阻断稻飞虱迁入秧田传毒和为害。

5.2.2 灯光诱杀

田间设置杀虫灯，利用稻飞虱对灯光的趋性诱杀成虫。杀虫灯应连片安装，单灯控制面积可根据杀虫灯参数确定。灯高度距地面 1.2 m～1.5 m 为宜。稻飞虱发生（迁入）始期开始至水稻黄熟期为止，每晚日落后开灯，天亮后关灯。采用布袋接虫时，应每 3 d～5 d 清理 1 次死虫。

5.3 生态控制和生物防治

5.3.1 保护和利用天敌

田边和田埂保留杂草和开花植物，田埂种植芝麻、大豆等蜜源植物，促进自然天敌种群增殖。开展药剂防治时，应选择对稻飞虱毒力较强但对天敌毒性低的药剂，保护利用稻飞虱的天敌。春耕期间或水稻收割后先灌水，待蜘蛛等天敌迁移至田边和田埂生境后再翻耕、耙地。

5.3.2 稻鸭共育

水稻移栽后 10 d～15 d 扎根返青后，或稻飞虱始盛期至盛末期，将室内培育的 15 d 左右的雏鸭放入稻田饲养，水稻齐穗灌浆至稻穗下垂前及时收捕成鸭，放鸭量为 200 只/hm²～300 只/hm²。放鸭田四周设置高度为 50 cm～60 cm 的防护网或围栏，同时在田边搭小型简易棚，便于小鸭躲避风雨和喂饲。

5.3.3 微生物源药剂防治

采用微生物源药剂 400 亿孢子/g 球孢白僵菌（*Beauveria bassiana*）可分散粒剂 1 500 g/hm²，对水 450 L～675 L 常量或低容量喷雾。

5.4 化学防治

5.4.1 防治策略

水稻分蘖期应以发挥植株补偿作用和自然天敌控害作用为主，慎重用药。只有当稻飞虱虫口密度达到或超过防治指标而天敌难以控制其为害时才可用药，不能盲目用药。优先选用高效、低毒、低残留、对环境影响小、对天敌安全的药剂品种，不应使用国家禁用的和拟除虫菊酯类农药品种，所选药剂应符合 GB 4285 和 GB/T 8321.1～8321.9 的规定。当稻飞虱发生量大、发生期不整齐需多次用药时，应轮换、交替使用农药。

5.4.2 防治指标

在采用农业、生物和物理防治后应密切关注虫口密度变化，密度超过防治指标时应采取药剂防治。水稻各生育期的稻飞虱防治指标见表 2。杂交稻可适当放宽防治指标。当以预防病毒病为靶标对象防治稻飞虱时，应参考相对应的病毒病的防治指标。

表 2　稻飞虱药剂防治指标

水稻生育期	稻飞虱种群量
秧田期	30 头/m² ～ 40 头/m²
分蘖期	1 000 头/百丛
孕穗至灌浆期	1 000 头/百丛 ～ 1 500 头/百丛

5.4.3 防治药剂及方法

5.4.3.1 种子处理

选用吡虫啉、噻虫嗪等药剂拌种或浸种。每千克干稻种选用 60% 吡虫啉悬浮种衣剂 2 mL～4 mL 或 30% 噻虫嗪种子处理悬浮剂 1.2 g～3.5 g，加水调制成 30 mL～40 mL 浆状液，与催芽露白后沥干的种子充分混合拌匀，使药液均匀附着在种子表面，经 6 h～8 h 充分晾干后播种。

5.4.3.2 秧田防治

可选用 10% 醚菊酯悬浮剂 900 mL/hm² ～1 200 mL/hm²，或 20% 烯啶虫胺水剂 375 mL/hm²，或 25% 吡蚜酮可湿性粉剂 240 g/hm² ～300 g/hm² 或 50% 水分散粒剂 150 g/hm² ～ 180 g/hm²，或 20% 异丙威乳油 750 mL/hm² ～ 1 000 mL/hm²，对水 450 L～675 L，于稻飞虱低龄若虫高峰期喷粗雾或常量喷雾。第 1 次施药后，进行田间防治效果调查，视虫情确定第 2 次防治，间隔 7 d～10 d。使用防虫网或无纺布覆盖育秧的秧田无需药剂防治。

5.4.3.3 带药移栽

水稻秧苗移栽前 2 d～3 d 或防虫网、无纺布覆盖育秧揭网（布）的同时，选用吡虫啉等药剂喷雾防治 1 次，或秧苗浸根处理，带药移栽。

5.4.4 大田防治

根据虫情监测结果，大田秧苗移栽后当稻飞虱种群数量达到防治指标时，采用药剂防治。选用药剂参照 5.4.3.2 秧田防治，当田间以褐飞虱为主或褐飞虱与白背飞虱混合发生时，应避免选用吡虫啉，于稻飞虱低龄若虫高峰期，对稻茎基部粗水喷雾或常量喷雾。施药后田间保持 3 cm～5 cm 水层 3 d～5 d，保证防治效果。当田间缺水时，可选用敌敌畏拌土撒施熏蒸。第 1 次施药后，进行防治效果调查，视虫情确定第 2 次防治，间隔 7 d～10 d。距收割 15 d、虫口密度 3 000 头/百丛以下时，不施药防治。

6 防治效果评价方法

防治效果调查取样方法可按 GB/T 15794 的规定执行，药效评价方法可按 GB/T 17980.4 的规定执行。防治田和非防治田（对照田）应设 3 次重复，施药前调查基数，根据需要，施药后 1 d～15 d 调查药效。每块田平行跳跃法 10 点～20 点取样，每点查 2 丛～5 丛水稻，记载调查总丛数、每种飞虱的虫口数（成虫、若虫），计算虫口减退率，评价防治效果。

6.1 虫口减退率

按式（1）计算。

$$D = \frac{N_0 - N_1}{N_0} \times 100\% \quad \cdots\cdots\cdots\cdots\cdots\cdots\cdots \quad (1)$$

式中：

D ——虫口减退率，单位为百分率（%）；

N_0 ——防治前虫量；

N_1 ——防治后虫量。

6.2 防治效果

按式（2）计算。

$$P = \frac{D_t - D_{ck}}{100 - D_{ck}} \times 100\%$$

或

$$P = (1 - \frac{N_{c0} \times N_{t1}}{N_{c1} \times N_{t0}}) \times 100\% \quad \cdots\cdots\cdots\cdots\cdots \quad (2)$$

式中：

P ——防治效果，单位为百分率（%）；

D_t ——防治区虫口减退率，单位为百分率（%）；

D_{ck} ——对照区虫口减退率，单位为百分率（%）；

N_{c0} ——对照区处理前虫量；

N_{c1} ——对照区处理后虫量；

N_{t1} ——处理区药后虫量；

N_{t0} ——处理区药前虫量。

附录 2 水稻褐飞虱抗药性监测技术规程

（NY/T 1708—2009）

1 范围

本标准规定了稻茎浸渍法和稻苗浸渍法监测稻褐飞虱 [*Nilaparvata lugens* (Stål)] 抗药性的方法。

本标准适用于杀虫剂对稻褐飞虱室内毒力测定和稻褐飞虱的抗药性评估。

2 术语和定义

下列术语和定义适用于本标准。

2.1

抗药性 resistance

一种农药当用其标签推荐的剂量防治某种害虫时，即使重复试验也无法达到所期望的防治效果，该种群的敏感性所出现的遗传变化称作抗药性。

2.2

敏感基线 susceptibilily baseline

在某种农药使用之前，该种药剂对褐飞虱敏感品系的毒力基线及 LD_{50} 或 LC_{50}。

2.3

稻茎浸渍法 rice-stem dipping method

稻褐飞虱接触、取食浸药稻茎而中毒死亡的毒力测定方法，适用于稻褐飞虱对杀虫作用较快、具有触杀和内吸作用的有机磷酸酯、氨基甲酸酯、氯化烟碱类、昆虫生长调节剂、苯基吡唑类、有机氯类等杀虫剂的抗药性监测。

2.4

稻苗浸渍法 rice-seedling dipping method

稻褐飞虱接触，取食浸药的杯栽稻苗而中毒死亡的毒力测定方法，适用于稻褐飞虱对杀虫作用特慢而持效期长的吡啶甲亚胺杂环类等杀虫剂的抗药性的监测。

3 试剂与材料

试剂为分析纯试剂。

3.1 生物试材

3.1.1 稻褐飞虱

田间采集，经室内饲养 1 代～2 代的 3 龄中期若虫。

3.1.2 供试水稻

TN1 或汕优 63（温室笼罩内盆栽的无虫、未用药处理的水稻）。

3.2 试验药剂

原药或母药（分析纯）。

4 仪器设备

4.1 实验室通常使用仪器设备

4.1.1 电子天平（感量 0.1 mg）。

4.1.2 培养杯（直径 7 cm，高 27 cm）。

4.1.3 塑料小杯（直径 5 cm，高 4.5 cm）。

4.1.4 恒温培养箱、恒温养虫室或人工气候箱。

4.1.5 塑料圆筒（直径 16 cm，高 15 cm）。

4.1.6 吸虫器等。

5 试验步骤

5.1 试材准备

5.1.1 试虫

5.1.1.1 试虫采集

选当地具有代表性的稻田 3 块～5 块，每块田随机多点采集生长发育较一致的稻褐飞虱成虫或若虫或卵，每地采集虫（卵）1 000 头（粒）以上，供室内饲养。

5.1.1.2 试虫饲养

采集的成虫接入供试水稻上分批产卵（2 d～3 d 一批），采集的若虫或卵在供试水稻上饲养到成虫后再分批产卵，取 3 龄中期若虫供试。

5.1.2 供试水稻

5.1.2.1 稻茎

连根挖取分蘖至孕穗初期、长势一致的健壮稻株，洗净，剪成 10 cm 长的带根稻茎，3 株一组，于阴凉处晾至表面无水痕，供测试用。

5.1.2.2 稻苗

在温室内用塑料小杯播种水稻，每杯 20 株～30 株稻苗，选择生长至 10 cm 高的稻苗供试。

5.2 药剂配制

原药用有机溶剂（如丙酮、乙醇等）溶解，加入 10%（m/v）用量的 Triton-X 100（或吐温 80），加工成制剂，并用蒸馏水稀释。根据预备试验结果，按照等比例方法设置 5 个～7 个系列质量浓度。每质量浓度药液量不少于 400 mL。

5.3 处理方法

5.3.1 稻茎浸渍

将供试稻茎在配制好的药液中浸渍 30 s，取出晾干，用湿脱脂棉包住根部保湿，置于培养杯中，每杯 3 株。按试验设计剂量从低到高的顺序重复上述操作，每浓度处理至少 4 次重复，并设不含药剂的处理做空白对照。

5.3.2 稻苗浸渍

在稻苗高约 10 cm 的塑料小杯土表加约 2 mL 1.5% 琼脂水溶液，静置 1 h 待凝固。将杯栽供试稻苗倒置在配制好的药液中，浸渍到稻苗基部 30 s，取出晾干，将杯放入搁物架并盖上通气的盖子。按试验设计剂量从低到高的顺序重复上述操作，每浓度处理至少 4 次重复，并设不含药剂的处理做空白对照。

5.3.3 接虫与培养

用吸虫器将试虫移入培养杯或塑料小杯中，每杯 10 头～15 头，杯口用纱布或盖子罩住，转移至温度为（25±1）℃，相对湿度为 60%～80%、光周期为 L∶D=16 h∶8 h 条件下饲养和观察，特殊情况可适当调整试验环境条件，应如实记录。

5.4 结果检查

稻茎浸渍法于处理后 5 d、稻苗浸渍法于处理后 10 d～15 d 检查试虫死亡情况，记录虫数和死虫数。

6 数据统计与分析

6.1 计算方法

根据调查数据，计算各处理的校正死亡率。按式（1）和式（2）计算，计算结果均保留到小数点后两位：

$$P_1 = \frac{K}{N} \times 100\% \quad \cdots\cdots\cdots\cdots\cdots\cdots\cdots\cdots\cdots\cdots (1)$$

式中：

P_1——死亡率，单位为百分率（%）；

K——表示死亡虫数，单位为头；

N——表示处理总虫数，单位为头。

$$P_2 = \frac{P_1 - P_0}{1 - P_0} \times 100\% \quad \cdots\cdots\cdots\cdots\cdots\cdots (2)$$

式中：

P_2——校正死亡率，单位为百分率（％）；

P_t——处理死亡率，单位为百分率（％）；

P_0——空白对照死亡率，单位为百分率（％）。

若对照死亡率<5％，无需校正；对照死亡率5％～20％，应按式（2）进行校正；对照死亡率>20％，试验需重做。

6.2 统计分析

采用SAS、EPA、POLO、BA、DPS等统计分析系统软件的几率值分析法进行统计分析，求出每个药剂的毒力回归方程式、LC_{50}值及其95％置信限、b值及其标准误。

7 抗水平评估

7.1 水稻褐飞虱敏感毒力基线的制定

水稻褐飞虱抗性监测的毒力基线参照附录A。

7.2 抗性水平的分级标准

抗性水平的分级标准见表1。

表1 水稻褐飞虱抗性水平的分级标准

抗性水平分级	抗性倍数
敏感	≤3
敏感性下降（或早期抗性）	3.1～5
低水平抗性	5.1～10
中等水平抗性	10.1～40
高水平抗性	40.1～160
极高水平抗性	≥160.1

7.3 抗性水平的计算与评估

根据敏感品系的LC_{50}值和测试种群的LC_{50}值，计算测试种群的抗性倍数。按式（3）计算，计算结果均保留到小数点后一位：

$$抗性倍数 = \frac{测试种群的 LC_{50}}{敏感品系的 LC_{50}} \quad \cdots\cdots\cdots\cdots\cdots\cdots\cdots\cdots\cdots\cdots （3）$$

按照抗性水平的分级标准，对测试种群的抗性水平做出评估。

8 监测报告编写

根据统计结果和抗性水平评估，写出正式抗性检（监）测报告，并列出原始数据。

附 录 A

（资料性附录）

水稻褐飞虱敏感毒力基线

表 A.1 杀虫剂对江浦敏感品系（JPS）和杭州敏感品系（HZS）的毒力基线数据

药剂	LD-P Line	LC_{50}（95%CL）（mg/L）	备注
阿维菌素 EC[2]	9.030 6+2.396 9X	0.021（0.018～0.024）	
氟虫腈 EC[2]	8.039 7+2.149 3X	0.039（0.03～0.05）	
噻嗪酮（5%EC[2]）	10.019 0+4.248 6X	0.066（0.06～0.07）	
噻嗪酮（25%WP[1]）	6.649 9+2.886 5X	0.268（0.21～0.32）	
噻虫嗪 EC[2]	7.134 0+2.184 0X	0.105（0.09～0.12）	
呋虫胺 SL[2]	7.353 7+2.716 2X	0.136（0.11～0.18）	
吡虫啉 EC[2]	6.676 6+1.511 9X	0.078（0.05～0.10）	稻茎浸渍法
吡虫啉（10%WP[1]）	7.142 2+2.079 2X	0.09（0.08～0.11）	
氯噻啉 EC[2]	6.003 0+2.098 5X	0.333（0.27～0.40）	
烯啶虫胺 EC[2]	5.708 5+2.173 8X	0.472（0.25～9.51）	
啶虫脒 EC[2]	2.836 2+2.465 2X	7.546（6.42～9.01）	
毒死蜱 EC[2]	4.269 1+3.143 9X	1.721（1.40～12.81）	
异丙威 EC[2]	3.657 0+2.280 9X	3.880（3.29～4.59）	
硫丹 EC[2]	6.649 6+2.642 4X	0.238（0.19～0.30）	
吡蚜酮 EC[2]	4.810 3+0.660 4X	1.938（1.17～3.48）	稻苗浸渍法

注1：江浦敏感品系（JPS）的毒力基线制订：1993 年采集于江苏省江浦县植保站预测圃水稻田的第一代褐飞虱成虫，在室内经单对纯代筛选得敏感品系，在不接触任何药剂的情况下用汕优 63 杂交稻在室内饲养。

注2：杭州敏感品系（HZS）的毒力基线制订：2005 年 7 月由杭州化工集团提供。该品系于 1995 年采自杭州市蒋家湾村单季水稻大田，在室内不接触任何药剂的情况下用汕优 63 杂交稻饲养。

附录 3　水稻白背飞虱抗药性监测技术规程

（NY/T 3159—2017）

1　范围

本标准规定了稻茎浸渍法对水稻白背飞虱［*Sogatella furcifera*（Horváth）］抗药性的监测方法。

本标准适用于水稻白背飞虱对常用杀虫剂的抗药性监测。

2　试剂与材料

2.1　生物试材

试虫：白背飞虱 *Sogatella furcifera*（Horváth）；

供试植物：未接触任何药剂处理的感虫水稻品种，如汕优 63 或 TN1 等。

2.2　试验药剂

原药。

2.3　试验试剂

Triton X-100（或吐温 80）；丙酮（或二甲基甲酰胺）；所用试剂为分析纯。

3　仪器设备

3.1　电子天平：感量 0.1 mg。

3.2　塑料杯：容量 550 mL，上口直径 7 cm，下口直径 6 cm，高 15 cm。

3.3　培养杯：直径 7 cm，高 20 cm。

3.4　移液管。

3.5　容量瓶。

3.6　量筒。

3.7　烧杯。

3.8　吸虫器。

3.9　移液器。

4　试验步骤

4.1　试材准备

4.1.1　试虫准备

4.1.1.1 试虫采集

选当地具有代表性的稻田（如不同品种）3 块～5 块，每块田至少随机选取 5 点采集生长发育较一致的白背飞虱成虫或若虫，每地采集虫量 1 000 头以上，供室内饲养。

4.1.1.2 试虫饲养

大田采集的成虫或若虫在室内扩繁 1 代～2 代，测试代（F_1 或 F_2）于 7 日龄水培水稻苗饲养至 3 龄中期若虫供抗药性监测，饲养条件为（27±1）℃、相对湿度（75±5）%、光照周期 16 h∶8 h（L∶D）。

4.1.2 试验水稻准备

4.1.2.1 稻茎

连根挖取分蘖至孕穗初期、长势一致的健壮、无虫稻株，洗净，剪成 10 cm 长的带根稻茎，于阴凉处晾至表面无水痕，供测试用。

4.2 药剂配制

在电子天平上用容量瓶称取一定量的原药，用丙酮等有机溶剂（吡蚜酮用二甲基甲酰胺）溶解，配制成一定浓度的母液。用移液管或移液器吸取一定量的母液加入塑料杯中，用含有 0.1% Triton X-100（或 0.1% 的吐温 80）的蒸馏水稀释配制成一定质量浓度的药液供预备试验。根据预备试验结果，按照等比梯度设置 5 个～6 个系列质量浓度。每质量浓度药液量不少于 400 mL，盛装于 550 mL 的塑料杯中，用于稻茎浸渍。用不含药剂的溶液作空白对照。

4.3 处理方法

4.3.1 浸药

将供试稻茎在配制好的药液中浸渍 30s，取出晾干，用湿脱脂棉包住根部保湿，置于培养杯中，每杯 3 株。按试验设计剂量从低到高的顺序重复上述操作，每处理设置 3 次以上重复。

4.3.2 接虫与培养

用吸虫器将试虫移入培养杯中，每杯 20 头，杯口用纱布或盖子罩住，在温度为（27±1）℃，相对湿度为（75±5）%、光周期 16 h∶8 h（L∶D）条件下饲养和观察。

4.4 结果检查

于处理后 2 d（有机磷酸酯类、氨基甲酸酯类及拟除虫菊酯类）、4 d（氯化烟酰类和苯基吡唑类）、5 d（昆虫生长调节剂类）或 7 d（吡啶甲亚胺杂环类）检查并记录存活虫数。

5 数据统计与分析

5.1 计算方法

根据调查数据，计算各处理的校正死亡率。按式（1）和式（2）计算，计算结果均保留到小数点后两位：

$$P_1 = \frac{N-K}{N} \times 100\% \quad \cdots\cdots\cdots\cdots\cdots\cdots\cdots\cdots \quad (1)$$

式中：

P_1——死亡率，单位为百分率（％）；

N——表示处理总虫数，单位为头；

K——表示存活虫数，单位为头。

$$P_2 = \frac{P_t - P_0}{100 - P_0} \times 100\% \quad \cdots\cdots\cdots\cdots\cdots\cdots\cdots \quad (2)$$

式中：

P_2——校正死亡率，单位为百分率（％）；

P_t——处理死亡率，单位为百分率（％）；

P_0——空白对照死亡率，单位为百分率（％）。

若对照死亡率＜5％，无需校正；对照死亡率5％～20％，应按式（2）进行校正；对照死亡率＞20％，试验需重做。

5.2 统计分析

采用POLO-Plus等统计分析软件进行概率值分析，求出每个药剂的LC_{50}值及其95％置信限、斜率（b值）及其标准误。

6 抗药性水平的计算与评估

6.1 白背飞虱对部分杀虫剂的敏感性基线

参见附录A。

6.2 抗性倍数的计算

根据敏感品系的LC_{50}值和测试种群的LC_{50}值，按式（3）计算测试种群的抗性倍数。

$$RR = \frac{T}{S} \quad \cdots\cdots\cdots\cdots\cdots\cdots\cdots\cdots \quad (3)$$

式中：

RR——测试种群的抗性倍数；

T——测试种群的LC_{50}值；

S ——敏感品系的 LC_{50} 值。

6.3 抗药性水平的评估

根据抗性倍数的计算结果，按照表 1 中抗药性水平的分级标准，对测试种群的抗药性水平作出评估。

表 1 抗药性水平的分级标准

抗药性水平分级	抗性倍数（RR）
低水平抗性	$5.0 < RR \leqslant 10.0$
中等水平抗性	$10.0 < RR \leqslant 100.0$
高水平抗性	$RR > 100.0$

附录 A
（资料性附录）
水稻白背飞虱对部分杀虫剂的敏感性基线

水稻白背飞虱对部分杀虫剂的敏感性基线见表 A.1。

表 A.1　水稻白背飞虱对部分杀虫剂的敏感性基线

药剂名称	斜率±标准误	LC_{50}（95％置信限）（mg/L）
毒死蜱	1.918±0.291	0.236（0.169～0.312）
噻嗪酮	1.580±0.265	0.044（0.032～0.059）
吡蚜酮	1.590±0.211	0.118（0.063～0.177）
吡虫啉	1.906±0.284	0.109（0.057～0.172）
烯啶虫胺	1.955±0.356	0.273（0.189～0.360）
啶虫脒	2.009±0.268	0.463（0.253～0.764）
噻虫嗪	2.364±0.507	0.175（0.112～0.231）
呋虫胺	2.035±0.269	0.201（0.155～0.254）
环氧虫啶	2.097±0.300	7.872（6.089～10.236）
氟啶虫胺腈	2.252±0.406	0.497（0.325～0.663）
异丙威	2.328±0.328	9.416（6.968～11.979）
丁硫克百威	2.279±0.375	10.379（7.473～13.177）
丁烯氟虫腈	2.080±0.282	1.655（1.234～2.106）
醚菊酯	2.641±0.382	34.606（20.283～52.756）

注：水稻白背飞虱敏感品系为 2006—2007 年采集于广西农业科学院南宁试验基地，在不接触任何药剂的情况下室内饲养。

附录4 灰飞虱抗药性监测技术规程

(NY/T 2622—2014)

1 范围

本标准规定了稻苗浸渍法监测灰飞虱〔*Laodelphax striatellus*（Fallén）〕抗药性的方法。

本标准适用于灰飞虱对杀虫剂的抗药性监测。

2 试剂与材料

2.1 生物试材

试虫：灰飞虱；

供试植物：采用感虫水稻品种，如武育粳3号。

2.2 试验药剂

原药。

2.3 试验试剂

Triton X-100（或吐温80）；丙酮（或二甲基甲酰胺）；所用试剂一般为分析纯。

3 仪器设备

3.1 电子天平（感量0.1 mg）；

3.2 塑料杯（容量：350 mL；上口直径：7 cm，下口直径：5 cm，高：10 cm）；

3.3 养虫盒（规格：35 cm×23 cm×13 cm）；

3.4 移液管（2 mL）；

3.5 容量瓶（10 mL、25 mL）；

3.6 量筒（500 mL）；

3.7 烧杯（500 mL）；

3.8 吸虫器；

3.9 移液器；

3.10 人工气候箱：温度（25±1）℃、相对湿度（85±10）%、光照周期16 h：8 h（L：D）。

4　试验步骤

4.1　试材准备

4.1.1　试虫准备

4.1.1.1　试虫采集

选当地具有代表性的农田（如不同作物或品种）3～5 块，每块田随机选取 5 点用吸虫器等工具采集生长发育较一致的灰飞虱成虫或若虫，每地采集虫量 1 000 头以上，供室内饲养。

4.1.1.2　试虫饲养

大田采集的成虫或若虫，在人工气候箱内（25±1)℃、相对湿度（85±10)%、光照周期 16 h：8 h（L：D）无土种植的水稻上饲养，以室内饲养的 F_1 或 F_2 代生理状态一致的 3 龄中期若虫供抗药性监测。

4.1.2　试验水稻准备

将催芽 48 h 的稻种均匀撒于垫有湿滤纸的养虫盒中，置于培养箱中，定时浇水以保持稻苗的正常生长，6 d 后，将稻苗（一叶一心，苗高约 6 cm）分成 30 株一组，于阴凉处晾至根部无明水，供测试用。

4.2　药剂配制

在电子天平上用容量瓶称取一定量的原药，用有机溶剂（如丙酮等，吡蚜酮用二甲基甲酰胺）溶解，加入终浓度 0.1% Triton X-100（或 0.1% 吐温 80），用有机溶剂定容，加工成制剂。用移液管吸取一定量的制剂加入塑料杯中，用蒸馏水稀释配制成一定质量浓度的药液供预备试验。根据预备试验结果，按照等比梯度设置 5 个～7 个系列质量浓度。每质量浓度药液量不宜少于 250 mL。

4.3　处理方法

4.3.1　浸药

将试验稻苗在配制好的药液中浸渍 10 s，取出沥至无水滴下，置于垫有滤纸的塑料杯中。按试验设计浓度从低到高的顺序重复上述操作，每浓度处理 3 次以上重复，以含有与最高浓度药液等剂量的有机溶剂的蒸馏水溶液作空白对照。

4.3.2　接虫与培养

在室温晾 30 min 后，用吸虫器将 3 龄中期若虫移入上述塑料杯中，每杯 20 头，杯口用保鲜膜封住并用 3 号昆虫针扎孔，然后转移至温度为（25±1)℃，相对湿度为（85±10)%、光周期 16 h：8 h（L：D）的人工气候箱中饲养和观察。

4.4　结果检查

分别于处理后 2 d（有机磷类、氨基甲酸酯类及拟除虫菊酯类）、4 d（氯化烟酰类和苯基吡唑类）和 5 d（吡啶甲亚胺杂环类）检查试虫死亡情况，记录总虫数和死虫数。

5 数据统计与分析

5.1 计算方法

根据调查数据，计算各处理的校正死亡率。按式（1）和式（2）计算，计算结果均保留到小数点后两位：

$$P_1 = \frac{K}{N} \times 100\% \quad\cdots\cdots\cdots\cdots\cdots\cdots\cdots\cdots\cdots\cdots\cdots \text{（1）}$$

式中：

P_1——死亡率，单位为百分率（%）；

K——表示死亡虫数，单位为头；

N——表示处理总虫数，单位为头。

$$P_2 = \frac{P_t - P_0}{100 - P_0} \times 100\% \quad\cdots\cdots\cdots\cdots\cdots\cdots\cdots \text{（2）}$$

式中：

P_2——校正死亡率，单位为百分率（%）；

P_t——处理死亡率，单位为百分率（%）；

P_0——空白对照死亡率，单位为百分率（%）。

若对照死亡率<5%，无需校正；对照死亡率5%～20%，应按式（2）进行校正；对照死亡率>20%，试验需重做。

5.2 统计分析

采用 SAS、POLO、PROBIT、DPS、SPSS 等软件进行统计分析，求出每种药剂的 LC_{50} 值及其95%置信限、b 值及其标准误。

6 抗性水平的计算与评估

6.1 敏感毒力基线

灰飞虱对部分杀虫剂的敏感毒力基线（参见附录 A）。

6.2 抗药性水平的分级标准

抗药性水平的分级标准见表1。

表1 抗药性水平的分级标准

抗药性水平分级	抗性倍数（RR）
低水平抗性	$5.0 < RR \leqslant 10.0$

抗药性水平分级	抗性倍数（RR）
中等水平抗性	$10.0 < RR \leqslant 100.0$
高水平抗性	$RR > 100.0$

6.3 抗药性水平的计算

根据敏感品系的 LC_{50} 值和测试种群的 LC_{50} 值，按式（3）计算测试种群的抗性倍数。

$$RR = \frac{T}{S} \quad\cdots\cdots\cdots\cdots\cdots\cdots\cdots\cdots\cdots\cdots\cdots\quad (3)$$

式中：

RR ——测试种群的抗性倍数；

T ——测试种群的 LC_{50}；

S ——敏感品系的 LC_{50}。

附录 A

（资料性附录）

灰飞虱对部分杀虫剂敏感毒力基线

灰飞虱对部分杀虫剂的敏感毒力基线见表 A.1。

表 A.1　灰飞虱对部分杀虫剂敏感毒力基线

药剂名称	Slope±SE	LC_{50}（95％置信限）（mg/L）
吡虫啉	2.652±0.401	9.306（7.121～11.555）
噻虫嗪	2.124±0.433	1.792（1.339～2.277）
烯啶虫胺	2.452±0.356	1.231（0.935～1.531）
呋虫胺	2.090±0.341	0.528（0.369～0.698）
吡蚜酮	1.748±0.252	7.996（5.799～10.504）
噻嗪酮	1.210	1.350（0.720～2.330）
毒死蜱	2.132±0.377	0.482（0.362～0.624）
异丙威	2.252±0.365	68.156（48.097～89.278）
丁硫克百威	2.978±0.604	20.328（6.235～30.283）
丁烯氟虫腈	2.152±0.408	0.708（0.479～0.950）
高效氯氰菊酯	2.167±0.326	2.170（1.643～2.801）
氰戊菊酯	2.137±0.446	9.383（6.628～12.552）
三氟氯氰菊酯	2.229±0.350	4.161（3.101～5.355）

注1：毒死蜱、烯啶虫胺、噻虫嗪及吡蚜酮等4种药剂敏感基线测定所用敏感品系为2002年采自江苏海安的敏感品系。

注2：高效氯氰菊酯、三氟氯氰菊酯、氰戊菊酯、吡虫啉、异丙威、呋虫胺、丁硫克百威、丁烯氟虫腈敏感基线测定所用敏感品系为2005年采集于江苏无锡市麦田的越冬代灰飞虱成虫、若虫，在室内不接触任何药剂的情况下用武育粳3号水稻在室内饲养，后经室内单对纯化建立的敏感品系。

注3：噻嗪酮敏感基线数据引自王利华等（昆虫学报，2008）的结果。

附录 5 稻飞虱无人机防控技术规程

（DB53/T 1041—2021）

1 范围

本标准规定了稻飞虱无人机防控技术的术语和定义、虫情监测和调查、防治原则和防治指标、药剂、无人机作业、评价等内容。

本标准适用于稻飞虱无人机防控。

2 规范性引用文件

下列文件中的内容通过文中的规范性引用而构成本文件必不可少的条款。其中，注日期的引用文件，仅该日期对应的版本适用于本文件，不注日期的引用文件，其最新版本（包括所有的修改单）适用于本文件。

GB/T 8321 农药合理使用准则（所有部分）

GB/T 17980.4 农药田间药效试验准则（一）杀虫剂防治水稻飞虱

NY/T 1276 农药安全使用规范总则

3 术语和定义

GB/T 20000.1 界定的以及下列术语和定义适用于本文件。

3.1

稻飞虱 Rice planthopper

属昆虫纲半翅目（Hemiptera）飞虱科（Delphacidae）害虫。俗名火蟓虫。以刺吸式口器吸食植株汁液为害水稻等作物。危害水稻的稻飞虱种类主要有白背飞虱（*Sogatella furcifera*）、褐飞虱（*Nilaparvata lugens*）和灰飞虱（*Laodelphax striatellus*）3 种。

3.2

低龄若虫 Low instar nymph

稻飞虱初孵若虫至发育至 3 龄（含 3 龄）以前的若虫。

3.3

高龄若虫 Dvanced instar nymph

稻飞虱 3 龄以后的若虫。

3.4

无人机防控 Plant protection drone

使用无人机喷施药剂，将有害生物控制在经济受害允许水平（经济阈限）以下，以获得最佳的经济、生态和社会效益的防控方法。

3.5

无人机助剂（简称飞防助剂） Drone aid

指提高无人机药剂喷洒效果的物质的总称，包括展着剂、抗飘移剂、抗蒸腾剂、黏附剂、渗透剂、增效剂等。

4 虫情监测和调查

4.1 虫情测报灯监测

从育秧出苗到水稻成熟使用虫情测报灯，诱测稻飞虱成虫，每天收集、统计、记载虫量、种类和迁入时间，及时掌握成虫发生情况。结果记入附录 A 的表 A.1 中。

4.2 田间虫量系统调查

4.2.1 调查区域

调查在观察区内进行，观察区面积应在 30 hm^2 以上，并设立观测圃，观测圃面积不少于 667 m^2。

4.2.2 调查时间

每隔 5 d 调查一次。

4.3 秧田调查

4.3.1 调查地区

往年秧田稻飞虱发生量较大的地区。

4.3.2 调查时间

秧苗三叶期始至拔秧前止。

4.3.3 调查方法

按以下方法进行调查：

a）以调查成虫为主；

b）采用目测法或扫网法随机取样，每块田 10 个点，不少于三块田；

c）目测计数每 0.25 m^2 秧田内成虫数量；

d）或用直径为 53 cm 的捕虫网来回扫取宽幅为 1 m，约 0.5 m^2 秧苗的面积，统计捕虫网内成虫数量，并折算为每 1m^2 秧田的成虫量。

e）结果记入附录 A 的表 A.2 中。

4.4 大田调查

4.4.1 调查时间

水稻移栽后，自诱测灯下出现第一次成虫高峰后开始，至水稻成熟收割前2 d～3 d 结束。

4.4.2 取样方法

选品种、生育期和长势有代表性的各类型田 3 块～5 块，采用平行双行跳跃式取样，每点取 2 丛，或根据稻飞虱发生量定每块田的调查丛数：

a) 每丛低于 5 头时，每块田查 50 丛以上；

b) 每丛 5 头～10 头时，每块田查 30 丛～50 丛；

c) 每丛大于 10 头时，每块田查 20 丛～30 丛。

4.4.3 调查方法

调查方法如下：

a) 采用 33 cm×45 cm 的白搪瓷盘作载体，用水湿润盘内壁；

b) 将盘轻轻插入稻行，下缘紧贴水面稻丛基部；

c) 快速拍击植株中、下部，拍击不少于三次；

d) 每点计数一次，计数各类飞虱不同翅型的成虫，以及低龄和高龄若虫数量；

e) 每次拍查计数后，清洗白搪瓷盘，再进行下次拍查，结果记入附录 A 的表 A.3 中。

5 防控原则和防控指标

5.1 防控原则

遵循"预防为主，综合防控"的方针，根据稻飞虱发生规律，以准确测报为基础，当稻飞虱数量达到防治指标时，应组织无人机开展防控。

5.2 防控指标

秧田期 30 头/m²～40 头/m²；移栽至分蘖期初期稻飞虱百丛虫量 1 000 头，分蘖期以后稻飞虱百丛虫量 1 000 头～1 500 头。

6 药剂

6.1 药剂选择

6.1.1 选择原则

使用的药剂应经我国农药管理部门登记允许在稻飞虱防控上使用，并符合GB/T 8321 的规定。

6.1.2 适用无人机使用的剂型

宜选用水剂、悬浮剂、水分散粒剂、水乳剂、微乳剂等。

6.2 适用稻飞虱无人机防控使用的药剂

宜选用表1中的药剂进行稻飞虱无人机防控。

表 1 稻飞虱无人机防控推荐药剂

有效成分	含量	剂型	每公顷用量（g、mL）
呋虫胺	25%	可分散油悬浮剂 OD	375
吡蚜酮	25%	悬浮剂 SC	360
氯虫·噻虫嗪	40%	水分散粒剂 FU	120
氟啶虫胺腈	22%	悬浮剂 SC	450
三氟苯嘧啶	10%	悬浮剂 SC	240

6.3 药液配制

用少量水将农药制剂稀释成"母液"，加入适量助剂，然后再加入适量的水进一步稀释至所需要的浓度。

7 无人机作业

7.1 作业要求

无人机作业应符合以下要求：

a）飞行应符合国家相关法律法规的要求；

b）使用应该符合使用说明书；

c）按照作业方案进行飞行作业；

d）无人机应具备仿地飞行功能，喷洒系统应具备变量喷洒功能；

e）在3级以上风时宜停止施药作业；

f）药液的配制符合 NY/T 1276 的要求；

g）作业区设立警示牌，不应发生人畜中毒事故。

7.2 作业参数

7.2.1 飞行高度

飞行高度应高于水稻植株顶端 1.5 m～2.0 m。

7.2.2 飞行速度

飞行速度 3 m/s～6 m/s。

7.2.3 喷药量

每公顷需要喷洒 15 000 mL 药液且应根据无人机飞行速度和喷幅，调节药液流速，使之满足单位面积药液喷洒量的要求。

8 评价

8.1 防控对照设置

防控作业前，在作业区预留不少于 100 m² 的水稻田作为空白对照区，空白对照区不进行喷洒作业，也不采用其他方式施用任何杀虫剂。防效调查结束后方可对空白对照区进行稻飞虱防控作业。

8.2 防效调查

a）药效评价方法按 GB/T 17980.4 的规定执行；

b）防控作业前、作业后 3 d，对空白对照区和防控区进行稻飞虱虫口数量调查；

c）采用平行线跳跃或 5 点取样，每点 20 丛，用 33 cm×45 cm 的白搪瓷盘作载体，用水湿润盘内壁。查虫时将盘轻轻插入稻行，下缘紧贴水面稻丛基部，快速拍击植株中、下部，拍击三次，计数各类飞虱不同翅型的成虫、低龄和高龄若虫数量；

d）每盘调查计数后，清洗白搪瓷盘；

e）拍查结果记入表 2。

表 2　稻飞虱无人机防控防效调查记载表

调查盘数	低龄若虫数	高龄若虫数	成虫数	总虫量	调查时间	调查地点	田块类型
1							
2							
3							

8.3 防效计算

8.3.1 测算方法

根据调查的防治前、防治后的记载的稻飞虱无人机防控防效调查记载表每种飞虱的虫口数（成虫、若虫），计算虫口减退率，评价防治效果。

8.3.2 虫口减退率测算

虫口减退率按公式（1）测算。

$$P = \frac{T_1 - T_2}{T_1} \times 100\% \cdots\cdots\cdots\cdots\cdots\cdots\cdots\cdots\cdots (1)$$

式中：

P ——虫口减退率，单位为百分率（%）；

T_1 ——防治前活虫数量，单位为头；

T_2 ——防治后活虫数量，单位为头。

8.3.3　防治效果测算

按式（2）测算防控效果

$$XP = \frac{P_t - P_{ck}}{100 - P_{ck}} \times 100\% \quad \cdots\cdots\cdots\cdots\cdots\cdots\cdots (2)$$

式中：

XP —— 防治效果，单位为百分率（%）；

P_t —— 防治区虫口减退率，单位为百分率（%）；

P_{ck} —— 对照区虫口减退率，单位为百分率（%）。

8.3.4　防效统计

填写表3进行防效统计。

表3　稻飞虱无人机防控防效调查统计表

防治处理	防控前虫口数量	防控后虫口数量	虫口减退率（%）	防治效果（%）
人工防控				
空白对照				

附 录 A
（资料性附录）
调查记录表

A.1 稻飞虱灯诱情况逐日记录表

稻飞虱灯诱情况逐日记录表见表 A.1。

表 A.1 稻飞虱灯诱情况逐日记录表

诱测日期	月						总计（头）	点灯时天气状况	备注
	褐飞虱（头）			白背飞虱（头）					
	雌	雄	合计	雌	雄	合计			

A.2 秧田稻飞虱成虫调查记录表

秧田稻飞虱成虫调查记录表见表 A.2。

表 A.2 秧田稻飞虱成虫调查记录表

调查日期		品种	叶龄	取样面积（667m²）	褐飞虱			白背飞虱			备注
月	日				虫数（头/m²）			虫数（头/m²）			
					雌	雄	小计	雌	雄	小计	

A.3 稻飞虱田间系统调查记录表

稻飞虱田间系统调查记录表见表 A.3。

表 A.3　稻飞虱田间系统调查记录表

调查日期		类型田	品种	生育期	取样丛数(丛)	长翅型成虫数(头/百丛、%)				短翅型成虫数(头/百丛、%)				若虫数(头/百丛、%)				用药情况
月	日					雌	雄	小计	褐飞虱比例	雌	雄	小计	褐飞虱比例	低龄	高龄	小计	褐飞虱比例	

彩图 1-1 褐飞虱成虫（何佳春摄）

A. 长翅雌虫　B. 长翅雄虫　C. 短翅雌虫　D. 短翅雄虫

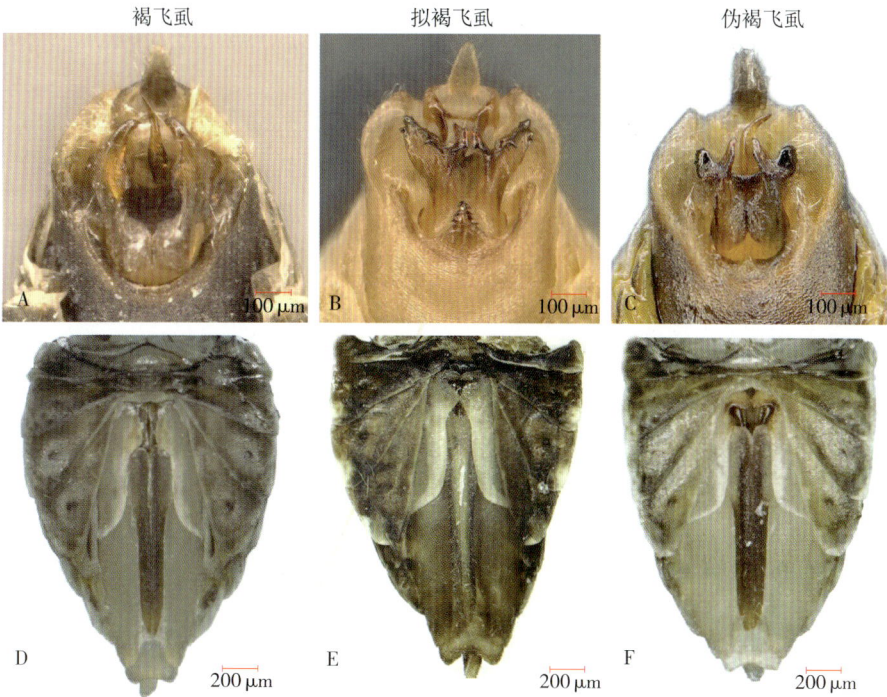

彩图 1-2 褐飞虱、拟褐飞虱和伪褐飞虱的外生殖器（何佳春摄）

注：三种褐飞虱雄虫（A～C 示阳基侧突）和雌虫（D～F 示第一载瓣片）外生殖器。

彩图1-3　褐飞虱的各龄若虫（何佳春摄）
注：A～E依次为1、2、3、4、5龄若虫。

彩图1-4　褐飞虱的吸食为害（傅强摄）
A."虱烧"　B.群集稻丛基部为害　C.受害稻丛基部"黑秆"

彩图 1-5　白背飞虱成虫（谢茂成摄）

A. 长翅雌虫　B. 长翅雄虫（左）和短翅雌虫（右）

彩图 1-6　白背飞虱若虫（何佳春摄）

A. 1 龄若虫（下）和 2 龄若虫（上）　B. 3 龄若虫　C. 4 龄若虫　D. 5 龄若虫

彩图1-7 白背飞虱为害状（傅强摄）

A."黄塘" B. 受害稻丛基部"黑秆"

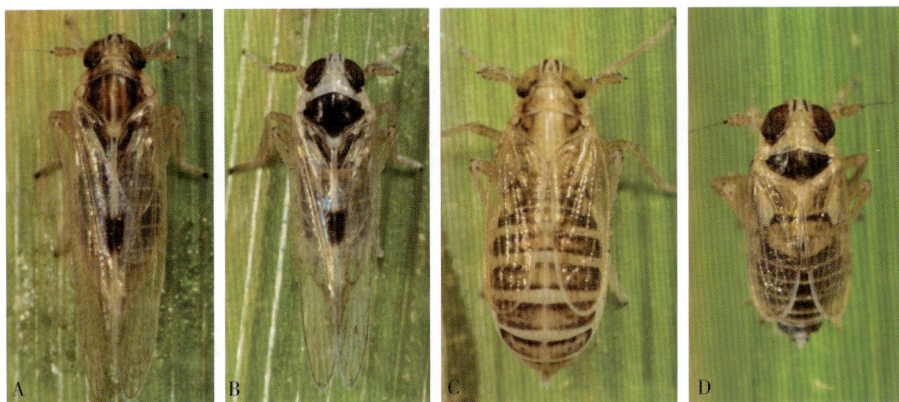

彩图1-8 灰飞虱成虫（何佳春、谢茂成摄）

A. 长翅雌虫 B. 长翅雄虫 C. 短翅雌虫 D. 短翅雄虫

彩图1-9 灰飞虱的各龄若虫（何佳春摄）

注：A～E依次为1、2、3、4、5龄若虫。

彩图1-10　灰飞虱吸食为害稻穗（傅强摄）

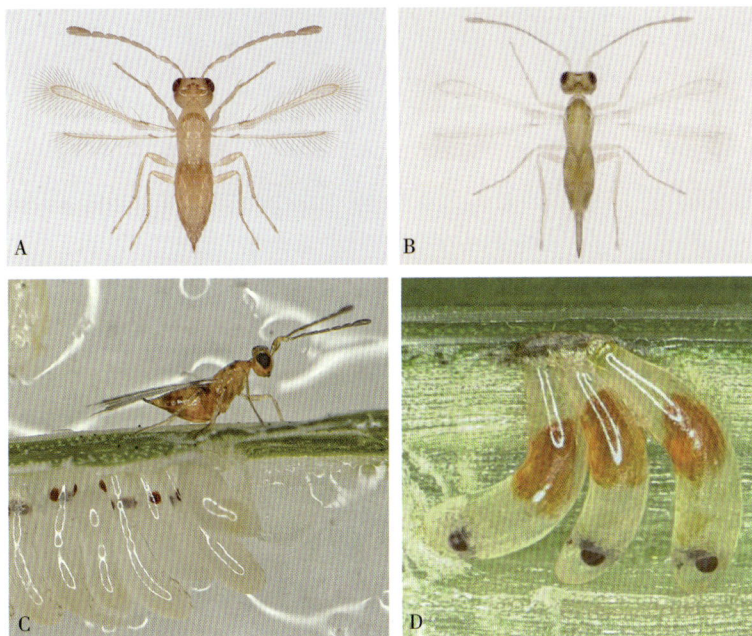

彩图2-1　缨小蜂及其对褐飞虱卵的寄生

A. 稻虱缨小蜂　B. 长管稻虱缨小蜂　C. 雌虫产卵寄生　D. 被寄生的褐飞虱卵

彩图 2-2　螯蜂及对稻飞虱的寄生

A. 黄腿双距螯蜂　B. 稻虱红单节螯蜂　C. 捕获并寄生飞虱若虫　D. 被寄生的褐飞虱若虫

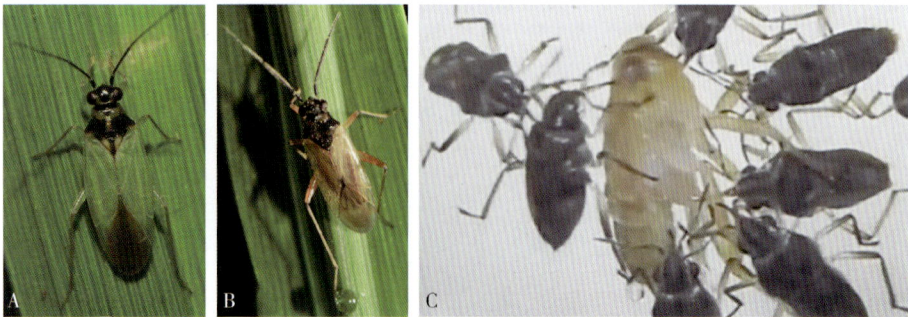

彩图 2-3　捕食稻飞虱的蝽

A. 黑肩绿盲蝽　B. 中华淡翅盲蝽　C. 尖钩宽黾蝽围攻褐飞虱

彩图 2-4　稻田常见瓢虫

A. 稻红瓢虫　B. 异色瓢虫　C. 七星瓢虫在捕食

彩图 2-5　稻田常见隐翅虫

A. 青翅蚁型隐翅虫　B. 青翅蚁型隐翅虫捕食褐飞虱　C. 虎突眼隐翅虫

彩图 2-6　稻田常见蜘蛛

A. 茶色新园蛛（金蛛科）　　B. 食虫沟瘤蛛（皿蛛科）

C. 拟环纹豹蛛（狼蛛科）　　D. 华丽肖蛸（肖蛸科）

彩图 6-1　稻虾生态种养

彩图 6-2　稻蛙生态种养

彩图 6-3　田边种植显花植物

彩图 6-4　稻鸭共作模式

彩图 6-5　水稻抗虫品种展示

彩图 6-6　标准化集中育秧

彩图 6-7 物理阻隔育秧防控稻飞虱

彩图 6-8 生态调控保护和利用天敌

彩图 6-9　稻田养鸭防虫控草

彩图 6-10　带药移栽防虫控病